imaginist

想象另一种可能

理
想
国

imaginist

直探匠心

Into
the Heart of
Craftsmanship

剖绘台湾经典古建筑

Section Drawings of Classical Taiwan Architecture

李乾朗 著·绘

北京日报出版社

序

李乾朗

台湾古建筑的论述，最早可追溯至20世纪初期。当时日本侵占台湾，为了管理与控制殖民地，对风土民情与建筑文化进行研究，得到了一些成果，例如高桥彝男调查板桥林家花园，安江正直调查台湾寺庙与民宅，田中大作研究台湾建筑史，千千岩助太郎调查高山族的住屋，后来才有藤岛亥治郎1947年在东京出版《台湾的建筑》(《台湾の建筑》)。日本学者沿用比较法，将中国台湾建筑与日本建筑比较，有其独到见解。

第二次世界大战之后台湾古建筑的研究有过一段空窗期，直到20世纪60年代，可能受到当时世界反思地域文化之影响，建筑学术界才开始关心建筑历史的严肃课题。1968年我就读于文化大学建筑与都市设计学系，几位同学对传统建筑产生浓厚兴趣，我们邀请民俗历史学者林衡道与画家席德进带队，到台湾各地考察，这是我接触台湾古建筑的起始点。

经过近五十年，以台湾古建筑为主题，我写了不少书，在学校也开这门课，现场调研古建也从未间断，特别是梳理匠师脉络，基本上厘清19世纪以来台湾寺庙匠师的派别与系谱。特别是20世纪第二个十年台湾本土风格的形成与20年代之后福建泉州溪底派风格之融合，汇集成近代台湾寺庙建筑之主流风貌。

1988年之后，我有许多机会到大陆考察古建筑，实地走访千年以上古建筑，考察闽粤古建筑之源头，从悠久的历史长河之中找出台湾古建深藏的核心价值——建筑的境界是在自然环境中追求平衡与巧思，平衡指的是天人合一，人工造物与自然融洽并存；巧思指的是物尽其用，合理使用建材，发挥其特性，建筑虽由人作，却有如天地造化美的化身。2007年，我将在大陆考察的成果，以剖面透视图的绘法完成一本书，名之为《巨匠神工》(简体中文版名为《穿墙透壁》)，表明我对古代匠师智慧之敬佩。有朋友询问我，对于台湾著名的古建筑，是否也可用“穿墙透壁”之法完成一本书。经过一年多的资料整理，我从建筑设计与美学的角度，挑选出三十五座经典古建筑，包含少数民族建筑、宅第、寺庙、城塞、书院与牌坊等几种类型。

挑选案例的准则包含几个面向，首先它是在台湾数百年建筑史上占有重要地位者，其次是其建筑蕴含丰富的文化艺术内容（例如结构展现匠师巧思，雕刻彩绘装饰艺术丰富，空间布局灵巧，文化表现力丰富而多元），特别是能彰显庶民文化之生活美学，反映从早期垦拓至农耕工商社会之嬗变。

古建筑乍看为土木砖石之组合，然其表达人的生存与生活之道，牵动着历史、社会、艺术与人的情感，涉猎的文化极庞杂，要真正了解并不容易。一座好的建筑可以令人感动，让人有所感受。当你面对它时，有对话，也有无限的想象。例如我们站在淡水红毛城下，可以想象近四百年前荷兰人在城上安置大炮，扼守淡水河口的情景。我们面对台南孔庙，也可想象儒家文化在台湾播种，举行祭孔的庄严场面。在古迹现场，受到的启发会更实在，体会更深。

汉人入台之前，台湾早期住民中各部族的文化差异也形塑出多样的建筑，日据时期千千岩助太郎深入山地部落实测住屋，其中鲁凯人大南社青年会所无疑是一座极具代表性的建筑，其结构、空间与形式互为表里，做了最好的结合。虽然原建筑已不存，但后来依测绘图复建，不失为一座具有高度代表性的杰作。清代汉人垦拓台湾时期，规模宏大、格局严谨的宅第很多，其中台北林安泰古厝近年虽因拓路而易地重建，然其主要木结构仍完整保存，特别是其平面布局，可见环绕一圈的内廊，形成妇女空间，建筑反映出清代保守的传统社会生活规范。面对同样的私密空间需求，板桥林本源园邸三落大厝采用屏风墙来解决，其廊道以屏风及墙体分隔，区分出人际关系的亲疏，展现出异曲同工的设计。

清代道光之后，台湾形成士大夫阶级，文章华国、诗礼传家成为士族心中追求的目标，郊野的大庄园建筑渐多，台中一带的吕宅筱云山庄与林宅摘星山庄是最典型的代表。这两座庄园保存至今，而且极为完整，被视为台湾士绅宅第之高峰。

另外，台北板桥的林家由于善于经商而致富，清末在宅第旁大事营建庭园，林本源庭园是公认的台湾园林代表作。园中的来青阁造型秀丽、檐牙高啄、构造合理、四平八稳，为台湾最美的建筑之一。

可与板桥林本源庭园来青阁媲美的是台中雾峰林家大花厅的戏台建筑。大花厅为罕见的福州风格建筑，是林朝栋地位如日中天的时代所建的。戏台系依考证重建之物，藻井与舞台下方的水缸可起到共鸣作用。古时除了在寺庙前演戏酬神，富户望族如雾峰林家或板桥林家均有自己的戏台，它们也见证着当时娱乐生活的一面。

寺庙建筑的规模和装饰程度高于宅第。台湾的寺庙，除了文武庙多得自官方倡建，一般民间的妈祖庙、观音庙、王爷庙和家庙，多由百姓集资捐献，因此每根龙柱、每片石堵和每扇门窗上都可能留下沐恩弟子或裔孙之名款及年款，他们凡走过必留下踪迹。这些铭记实际上也有助于我们研究寺庙的历史沿革。

妈祖庙或观音庙属于阳庙，殿内明亮，而城隍庙及王爷庙属于阴庙，一般采用联结式工字殿，缩小天井以减少进光量。富裕的城市能支持规模宏伟的寺庙，如台南的大天后宫、三山国王庙，嘉义的城隍庙，鹿港的龙山寺、天后宫，新竹的都城隍庙，以及台北的龙山寺、保安宫等。它们规模宏整，而且石雕、木雕或彩绘艺术水平很高，是公认的台湾传统建筑之经典。

19 世纪台湾凭借优越的航海地位而跃入世界舞台。西方势力通过传教与贸易，使台湾屡屡发生纠纷。岛内为防内乱外患，陆续建造城池与炮台，而西洋建筑如雨后春笋般出现在沪尾（今淡水）、台北、安平与打狗（今高雄）等港口城市，类型包括教堂、学校、贸易洋行、仓库与灯塔等。近代建筑引入新材料和新构造，水泥与钢骨增加了室内的跨度与高度。1895 年台湾被日本侵占之后，近代建筑经由日本建筑师之手在各地更趋普及，街头的近代建筑成为台湾人观望世界的橱窗，台湾开始面临文化的转型。

本书的内容是从上述几种不同类型与不同时代的台湾古建筑中，选择三十五个作为主要案例，加上十多个延伸案例（唯日据时期引进的近代建筑，与现代建筑技术同源，并为近代社会经济之产物，故未纳入本书案例之中），以建筑剖视图来分析其设计特色，特别是对结构与构造进行探讨。我们知道，建筑空间与造型是由结构和材料所决定的，技术的演进常是建筑发展背后的动力。技术是手段而非目的，但建筑史的发展规律是，先经过技术的创造与发明，才能获得有时代意义的建筑。具有多元文化价值的古建筑才能被指定为“古迹”，但台湾的古迹主管机构缺乏主体历史观，常常未能及时把握保存维护的最佳时机，甚为可惜。

本书所用的图大都采用鸟瞰全景和剖面透视图，其优点是可在一张图内同时表现较多的内容，包括大木结构、屋顶造型、空间组织及装饰重点。建筑是空间与形象组合的艺术，形象借由光线而为人所感知，光线引导人们理解建筑的存在。这些图与现场所拍摄的照片互相比对，读者可以有亲临现场之感。

文字尽量减少，图的传达力可能更全面，因此我花了较多时间绘制这些经典古建筑图，希望让大家赏心悦目。编辑过程中，妻子淑英提供了许多意见，使书的内容与结构更完整。而文字的编辑、校对与图片整理部分，助理颜君颖与学生吴宥葳帮助甚多。实际进入编辑工作时，远流出版公司王荣文董事长给予大力支持，台湾馆总编辑黄静宜、副总编辑张诗薇，以及项目编辑俞怡萍、美术编辑陈春惠，投入了许多时间。编纂建筑的书，文字与图片较多，工作极为烦琐，她们编辑台湾古建筑书籍的经验丰富，驾轻就熟。最后再加入美术设计师做装帧设计，为本书更增光彩。在此我向工作团队，以及支持本书出版的各界人士致以诚挚的谢意。

目录

宅第

寺庙

台湾古建筑导论

台湾的古建筑有遗物可供考证的并不多，早期住民的活动虽然可上溯千年以上，但因建材不易久存，今天无法看到百年以上的少数民族建筑。17 世纪大航海时代，荷兰及西班牙人短暂侵占台湾，他们所筑造的城堡是今天台湾地区所见最古老的建筑，包括台南的热兰遮城、赤崁楼，以及淡水的红毛城。大部分保存较完整的古建筑为明清时期的宫庙与宅第。台湾位于东亚航线中点，恰在南亚到东亚的十字路口，是东西文化交汇之处，也形塑出建筑的多元特质。

顺应风土气候，耐震避风降温

位于亚热带的台湾，常有地震、台风侵袭，先民建筑房舍必先考量耐震、避风与降温。居住在高山或海边的部族常采用半地穴建筑，如兰屿雅美人（达悟人）的住屋即用半地穴式，覆茅草顶，前坡长而后坡短，草顶以竹管固定，既能防风，也兼顾降温功能。居住在高山的泰雅人也有弧形屋顶之半地穴住屋，有防风与保温之优点。汉人民居除了深出檐之外，常设轩亭以避暑热。市街更常出现沿街成排的骑楼（亭仔脚），方便行人，也可供商业活动之用。古时候鹿港有所谓的“不见天”街道，功能在于让人们不受日晒雨淋之苦，还可以谈生意。

至于建筑之通风透气也有讲究。一般每个房间皆设二窗，或门上另辟气窗，促进空气对流。特别是正堂的空间，在正面设一门二窗，檐下常加两个小洞，美其名为“风眼窗”。而供桌背后左右也设窗，由此在炎夏产生穿堂风以降温。

沿街而设的骑楼，让行人不畏日晒雨淋

除了顺适台湾的气候，建筑也多采用本土的建材。台湾近海的城市可获得航行于台湾海峡的船只之压舱石，靠山的区域则多取用本岛的砂岩与页岩，如南部鲁凯人及排湾人多造石板屋，也广泛利用竹材。荷兰侵占时期引进的所谓“红毛土”，事实上即为洋灰（水泥的旧称），结合用牡蛎壳烧成的蛎灰，再掺入沙及糖汁，即成三合土。

承接大陆传统，匠派风格多元

台湾的传统建筑承接中国几千年的建筑传统，木结构技术与唐宋一脉相承，许多细节做法与北宋李诫《营造法式》所载相同，规模较大的宅第与寺庙采用木梁柱，利用榫卯结合。特别是瓜筒、吊筒及斗拱的技巧，能有效强化木构造建筑。随着闽南与粤东匠师入台，各派的风格相异其趣，例如泉州派梁架较疏朗，漳州派栋架较饱满，而潮州派的雕琢趋于细致。泉派建筑以鹿港龙山寺及台北艋舺龙山寺为代表，漳派建筑以台北保安宫为代表，而潮派以台南三山国王庙为典型。

桃园大溪李宅以中轴对称布局，追求中尊旁卑的空间秩序，并遵循“前水为镜”之环境设计准则

至 20 世纪初，台湾本土匠师崛起，云林北港朝天宫及台北陈德星堂出现假四垂屋顶，复杂的木结构与成熟的造型成功地结合为一体。假四垂屋顶的出现是一座里程碑，结合寺庙式样新定义，它引领 1910 年之后一百多年台湾庙宇建筑的设计潮流。

许多特殊做法也被广泛使用。屋顶下如果增加小屋顶，即形成“暗厝”，暗厝可使室内空间主从层次分明，但屋顶仍统一简洁，既可强化构造，也有利于雨水排放顺畅。双层屋顶结合的做法也广泛见于江南地区及闽粤地区，明代计成在《园冶》一书中即提及，称为“复水椽”。相信这应是非常古老的传统，在台南孔庙、鹿港天后宫及淡水鄞山寺皆可见到。

除了大木结构外，砖墙也是维持建筑坚固的主力。板桥林家花园来青阁为两层式楼阁，它的前后左右皆为木构，但四个角隅却用厚实的砖石墙体加固。台南孔庙的大成坊门，更是出现了巩固支柱的十字形厚墙，不但能强化构造，向四方伸出的燕尾屋脊亦为坊门增添庄严效果。

除了宅第与寺庙运用精巧的木结构，新竹的清代淡水厅城东门（迎曦门）与台北府城北门（承恩门）也采用了优异的木造技术。新竹迎曦门的可贵之处是，它可与清道光年间的筑城文献对照，文献记载中建造所用各种木材、砖瓦与石材之数量皆可与现状比对。台北承恩门则更可贵，由于很少人有机会上城楼，它的内部仍维持清光绪初年创建时的原貌，就古建筑的研究而言，其价值之高不言而喻。

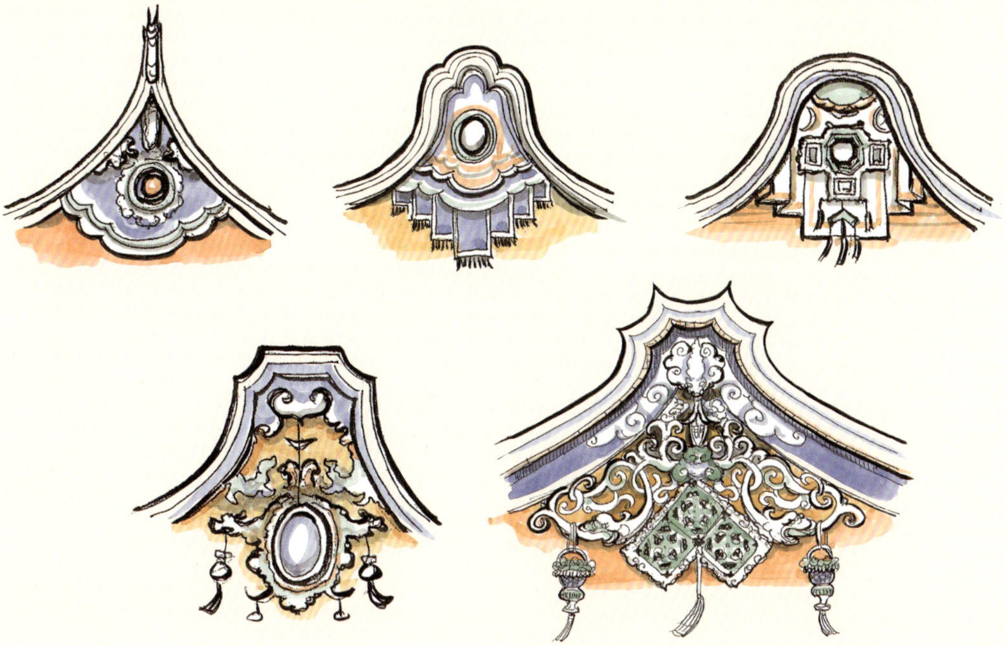

台湾民居的各式山墙，亦融入了风水及吉祥的观念

植根儒道思想，融合民间信仰

古建筑背后蕴藏的核心价值是儒与道的思想。儒家以山水比德，省悟修养，敬天法祖，重视人伦。将人伦秩序投射到建筑上，以中轴对称为尚，所谓“左昭右穆”，中庸、和谐、平衡。台湾的传统民居以中轴对称布局为美，追求中尊旁卑的空间秩序。我们细观孔庙及古宅，如林安泰宅、板桥林宅或芦洲李宅，即可发现其严谨之左右对称格局，内部的妇女活动空间也被屏风界定出来。

其次，道家的影响也无所不在。老子谓“大象无形”与“曲则全”，道法自然，反映至台湾古建筑上，常常以“后山为屏，前水为镜”为环境设计之准则，接近建筑的路径也常常以曲折角度处理，尤其是依据《易经》八卦，以巽门（东南方开门）为优选。我们看筱云山庄及摘星山庄，它们的门楼不在中轴线上，而是坐落于东南角，体现奇正相生之理想。而且，引水流经建筑前面，亦符合道家“引水界气”的理论。

至于佛教建筑，台湾佛寺祖庭多源自福建，尤以临济宗为多。台湾佛寺之开山祖师多来自闽、粤，佛道混合较为普遍。清代台湾盛行在家佛教，即斋教。其建筑颇类似民宅，一般沿用正身带护龙之格局，装饰较简朴，似受到禅宗之影响。在大陆，北方多渐悟派，而南方多顿悟派之禅宗丛林，福建福州鼓山涌泉寺即属之。福建临济宗和尚来台弘法，常常也奉请民间信仰的神明，如天上圣母（妈祖）、关圣帝君，日久产生佛道合流现象。著名的北港朝天宫，即临济宗树璧和尚在清

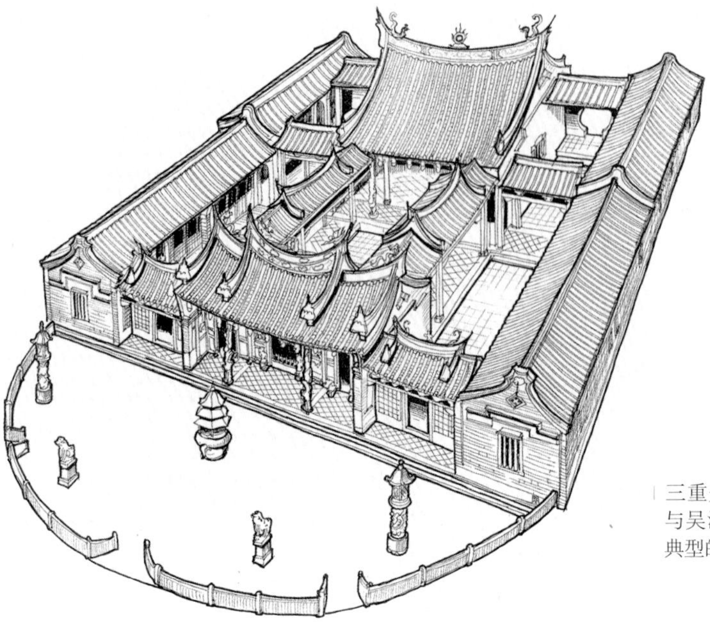

三重先啬宫为大木匠师陈应彬与吴海同对场竞技之作，是座典型的两殿两廊两护龙庙宇

康熙年间迎请湄洲妈祖来台而建的。

台湾的佛寺如果建在城市街衢之中，常常融入民间信仰或道教，佛道神明并奉一寺，例如艋舺龙山寺或屏东双慈宫，同时供奉观音与妈祖。至于建于山区的佛寺，如高雄大岗山或新竹、苗栗交界的狮头山诸寺，则依山势地形规划，从山门转折进入解脱门、大雄宝殿及禅堂、方丈室，路径幽深，展现曲径通幽之境界，体现禅宗佛寺之特质。

泉漳名匠来台，本土大师展技

古时，匠师是一座建筑的设计者兼营造执行者，所以有时不必绘制许多图样，许多细节皆藏于脑中。只有少数匠师名字被记录在建筑石雕上，例如淡水福佑宫石门楣上可见石匠师姓名。清末至 20 世纪 20 年代，寺庙得到复兴，除了本地匠师外，也广向闽粤邀聘著名匠师，形成竞技场面。

本土寺庙营造大师陈应彬出生于今新北中和一带，祖籍福建漳州。他的家族中有长辈为木匠，清光绪初年台北府城兴建时，他曾参加城楼或城内衙署的建筑工程，学得大木技术。1908 年北港朝天宫（曾遭火灾）重修，陈应彬得到机会大展身手。他率先在前殿采用假四垂屋顶，后来又陆续将这种样式应用于台北保安宫与陈德星堂。朝天宫前殿可谓这种形式的原型，在台湾寺庙建筑史上产生了深远的影响。

本土匠师在建筑装饰，如雕刻、彩绘、泥塑、剪黏等方面，均有非凡成就。脊饰高居在上，往往令建筑锦上添花

泉州惠安溪底名匠辈出，清末王益顺成为首席大木匠师，1919 年受聘来台北改建龙山寺，初次引进网目斗拱与平闇天花技术，开启了溪底派在台湾之影响力。对一般信众来说，庙宇只是供奉神明之所，但对一位匠师而言，必须虔诚敬仰神明，理解神明信仰之基本埋念，他才能设计并建造。建筑之高低大小与雕琢主题必然反映所祀神明之特质，如关帝庙要壮硕威武而大气，妈祖庙则须温柔婉约而亲切。

除了陈应彬与王益顺两位庙宇大师外，还有桃园大木匠师叶金万与徒弟徐清，他们所建寺庙多分布于桃园、新竹、苗栗的客家地区。精细而富曲线的斗拱雕刻与修长弯曲的瓜筒造型是他们所建寺庙的特色。从陈应彬、王益顺与叶金万的庙宇作品来看，建筑辨识度高，个人风格明显，为台湾庙宇建筑创出了派别特征。

兼容古今智慧，创造永续传承

古建筑的色彩运用也遵循一些法则，五行中木为东，以青象征；火为南，以朱象征；金为西，以白象征；水为北，以黑象征；土为中，以黄象征。实际运用时未必直接遵循这些准则，但青色与黑色属阴，多用于王爷庙、宗祠祖厝，而朱色与黄色明亮，多用于关帝庙、妈祖庙和孔庙。目前保存百余年的古宅第，如彰化马兴陈益源大厝、板桥林本源三落大厝、台北林安泰古厝和新竹郑用锡进士第，它们的梁、柱、枋、堵等皆以刷黑色为主，因古时黑色亦称玄色，所谓“天玄地

古建筑梁枋上的彩绘，色彩运用有其法则，也丰富了室内的色彩

黄”，属于尊贵之色。

建筑物的墙壁因使用砖石或白灰，自然也有色彩明暗之别。靠近山区的民宅常用大面积的白灰粉墙，可获反光之利。古时日出而作、日落而息，桃园、新竹、苗栗山区的客家民宅庭院多以白墙来反射日落余晖，借以延长工作时间——白墙虽素朴，却是辛勤劳动者的福祉。

从历史来看，台湾古建筑包括早期台湾、荷兰与西班牙侵占时期、明郑时期、清代与日据时期等不同时代，以及不同形式与不同功能的建筑。但社会与生活方式是变动的，新的建筑将不断产生，而旧的建筑大多会失去其舞台，因而保存维护也成为新课题。寺庙能延续原有的祭拜功能，但住宅将面临设施老旧及生活形态改变的困境，如何修改旧建筑也成为一种设计的要求。然而无论如何，传统文化价值与习俗仍然深植现代人心中，今天的建筑应寻求顺应天地自然之美并融合古今优点的设计。

从欧美及日本的建筑发展脉络观之，古建筑具有多元的启发性，可让今人从中解读古人的智慧，而文化具有延续性，创造应根植于历史的积累。本书将台湾古建筑以众多的剖视图表现，使建筑成为可读、可识、可感的动人篇章。

本书所选古建筑分布图

■ 主要案例
■ 延伸观察

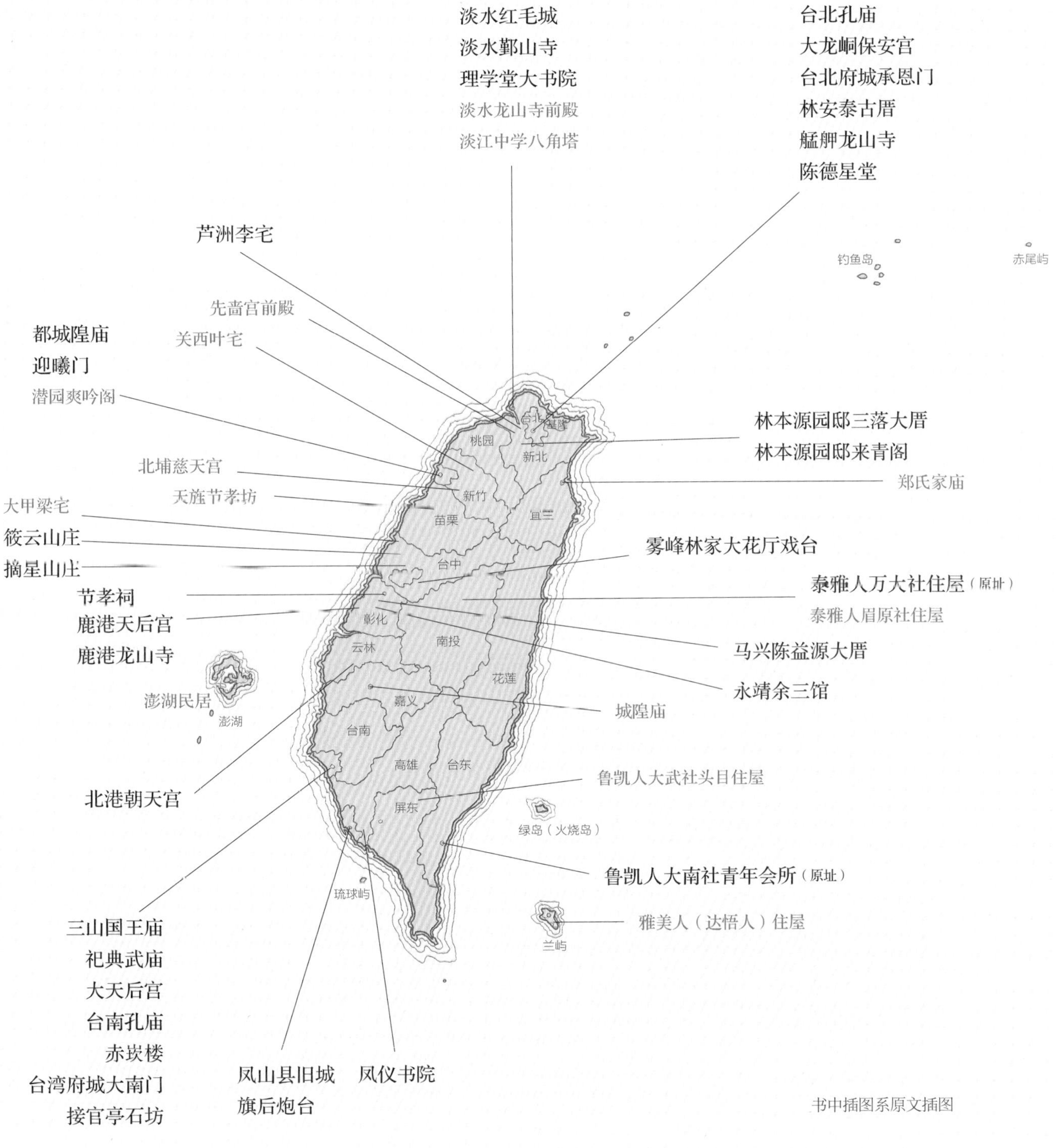

书中插图系原文插图

解构建筑剖视图画法

在相机发达的时代，在人手一台手机的时代，似乎用手绘图是多余或落伍的举动。20 世纪 60 年代我学建筑时，动手画建筑图是天经地义的事。随着科技进步，建筑图也一再进化，现在要获得三维立体透视图也轻而易举。虽然变化如此巨大，但我还是持续以手绘方式来记录古建筑，特别是中国的古建筑。古建筑虽然大多只用木、石、砖、瓦等材料，但它的构造复杂，空间层次多，材料界面亦多。如果用相机记录，暗部无法看清楚，而用平面图则无法表达立体感。千百年来，中西的建筑图无不企图在平面的纸上追求三维的立体感，透视图也因此而诞生了。

建筑画是建筑设计图中极为重要的表现形式，它不像平面图或立面图要注明许多详细的材料与尺寸，但会将建筑最主要的造型与空间特性表达出来，因此古代中西的著名建筑家多擅长绘画，以美术的手段阐释、弘扬建筑之精神。

北宋时期李诫的《营造法式》中，刊印了许多精美的木刻建筑画，特别是构造复杂的斗拱与梁架大木结构。书中将今天所谓的“剖面图”称为“侧样”，详细注明木构件大小、形状与名称；斗拱图甚至采用三维的立体画法，显示榫卯做法。在彩绘图样方面，与现今之计算机图如出一辙，以文字说明五颜六色。当时还有出自画家之手的“界画”。这些建筑图不但细致，而且极精美，在 12 世纪时，其科学水平领先西方世界。

中国式建筑图的特色

中国古时将建筑称为“营造”，先经营之，再建造之。经营即构思，以平面图像表达三维空间的立体建筑。建筑图在汉代画像砖和画像石上已可见到，除了正面的形象，也有自较高视角的鸟瞰图。敦煌莫高窟唐代壁画经变图与西安大雁塔门楣石刻建筑图更趋成熟，大体上很接近所谓的“一个消失点”透视图，大小殿宇依远近布局，每座建筑既可见到各式各样的屋顶，也将檐下梁柱斗拱表现无遗。

北宋张择端《清明上河图》的建筑描绘精准度十分惊人，就城门楼而言，采用近大远小的构图，娴熟的“两个消失点”的透视法将建筑物的构造特征与空间远近层次精确地表现出来，特别是安排骆驼队伍穿越门洞，时间融入空间之中，更引人入胜。明清界画中的建筑物，所运用的透视技巧更加丰富，多以高视角来观照建筑物全局，将亭台楼阁与周围山水园林环境的关系表现出来。

西洋透视图的概念

西洋方面，在 15 世纪文艺复兴时代，通过科学的几何学分析，发展出“单点透视”“两点透视”“三点透视”及“等角图”，将建筑透视图的理论与技术推向高峰。米开朗琪罗、拉斐尔及达·芬奇等大画家与雕塑家皆精于建筑画，奠定了近代建筑画的基础。20 世纪 30 年代，梁思成所绘的天津独乐寺观音阁，应是首张以西洋的技术绘出的中国古建筑图样，表现出了受光面与阴影的对比，强化了这座楼阁的特质。古建筑透视图可以突显建筑的特征，也可表现建筑构造与空间组织，使人获得神游的乐趣。

此外，还有一种重要的呈现方式，即博物绘（Scientific Illustrations），乃是通过观察文物呈现的建筑模式，复以图绘的线条与透视角度重现，解析其时代特征、构造及建筑风格，有助于与文献或现存实体建筑互相印证，辅助建构建筑史。博物绘等于科学插画，除了艺术性，主要功能在于承载科学知识的内涵。其特点为所谓“追求真实的笔尖”，强调“观察”的重要性，以图绘呈现巨细靡遗的细节，提供观察入微的眼光。科学插画同时具有“比较研究”的作用，如精细的医学插画和动植物插画。好的科学插画家，仍需具备人文素养与人文关怀，如人类学家的“民族学标本图绘”，兼具艺术与科学价值。近代中国发现的早期佛经图绘、墓室壁画，以及出土之建筑类器物、碑刻、界画等文物，作为建筑博物绘的素材与学术研究史料，所具备的建筑解码功能值得珍视。

建筑图绘视野取景三法

如何超越人类局限，变身为虫、鱼、鸟等，把建筑表现得酷炫、活泼又多元，是绘图者独到的秘技。通常借由以下三种建筑图绘的视野，来展现作画者眼中的美感。

鸟瞰：突破人类视点的高度，把自己当作一只鸟，或想象坐在飞机、热气球上，可最全面地看到平面、配置、屋顶，整个建筑与环境一目了然。对于配置庞大的建筑，以及要表现环境关系时，宜采用此种表现方式。

虫视：如地上的小虫，将人的视点降到最低，就像趴在低处向上拍照一样，可看到全景；或是将眼睛尽量贴近被画之物，如小虫般将所有东西放大。当建筑的精彩部分位于较高处，以及呈现特定的精致时，宜用此种表现方式。

鱼眼：如使用广角镜头，建筑物有如展开在球体表面，可以表现多视点看到的更多的面，或垂直的柱子变成圆弧形，是一种趣味卡通化的表现法。因为建筑物会变形，所以从研究角度不常使用，但可运用于对儿童解说的绘图中，以引起兴趣。

选择信息量最多的剖视图

着手绘图时可使用上图所列的“解构建筑剖视图画法”，即运用不同的角度与剖面绘画方式，将建筑物予以解构，使特殊部位显露，或呈现重要部位与环节的

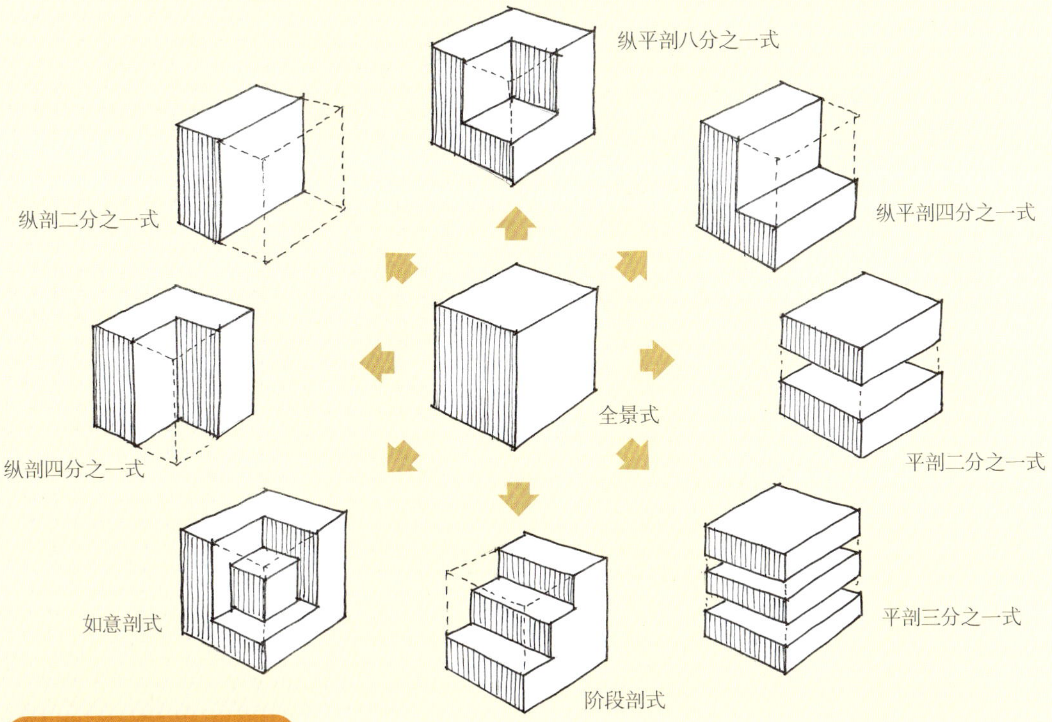

解构建筑剖视图画法

关系。这些剖视绘图法，由于具备一览无余的特点，比较容易让人明白建筑构造之特征。

建筑剖视图的形式有无数种可能，之所以要剖开墙壁或掀起屋顶，就是要直视内部虚实，让观者看到更多的细节。秘密就藏在细节里，建筑的智慧也藏在细节里。细节是许多故事的载体，我们能从剖视图中获得更丰富且深刻的论述。手绘图与照片最大的差异在于，手绘有主观的成分，而照片为客观的表现。手绘的决定权操之在画者，画者去除芜杂，并将建筑物的重点突显出来。

建筑是人工造物，人将诸多材料集结，再编成一体。透过剖视图可明了其集结的动力与奥秘，甚至可以想象建造的过程，这种思维对我们理解并欣赏建筑是极为重要的！

一座建筑应该如何剖视？这要依建筑设计之特色而定。本书里大约采用了包含全景在内的九种剖视图模式，不论哪一种，总是要让一张图揭示出建筑最精彩、最关键或最吸引人的部位，这样才能讲最多的故事。易言之，信息量表达最多者，才是最好的剖视图。

少数民族建筑

南投 | 泰雅人万大社住屋

采用半地穴式，有弧形屋顶，可防风、抗寒，木挡板与巨石垒壁为其构造特色。

年代：创建时间不可考

地址：原位于南投县仁爱乡（建筑为南投县鱼池乡九族文化村仿造复原）

泰雅人多分布在南投以北的山区中，其建筑擅于结合木、竹与卵石。卵石砌成挡土墙，再加木板栓支撑；地面以上的墙体用横木拼成，呈“井干”构造，又称横积木式。屋架则挑选巨大的曲木为梁，上覆竹管及茅草为顶。

在泰雅人的建筑中，最能利用地理特点来营造房屋者，以南投万大社深地穴式房屋一例最受瞩目。要在其入口内架木梯，才能向下走进室内。这看似不方便，但显然有一定的理由。据日本学者鹿野忠雄 1940 年的研究，这种做法在南岛民族中极少见，他推断应来自亚洲大陆，而且时间极古老，主要优点是可以避寒取暖。

万大社住屋建在干燥的山坡，故虽然向下挖了一米多，但并不潮湿。加上石头叠砌的挡土墙，再包以木柱，有如一种土木桩，这是很坚固的木石混合构造。在这深地穴的房屋内，人有如听到土地的呼唤，重新回到母亲的怀中。

泰雅人万大社住屋　剖面透视图

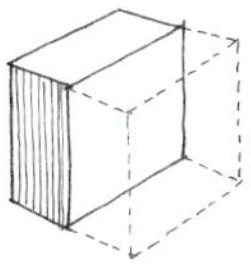

纵剖二分之一式

本图可见室内地面低于室外，进屋必须往下走数阶木梯，这种半地穴的设计有冬暖夏凉之优点。室内的木床铺位于四隅。中央为工作区，可在此处设火塘取暖及炊煮食物。

1. 以木条、木板、竹管及茅草构成屋顶。
2. 巨大的天然曲木梁。
3. 井干构造的地面墙体。
4. 石块叠砌的挡土墙与板柱形成的混合构造。
5. 室内为半地穴。
6. 具有炊煮及取暖功能的火塘。
7. 木床位于四个角落。
8. 置物架悬于木床之上，充分利用空间。
9. 木床附近开设小窗。
10. 位于建筑长边的入口木板门。
11. 连通室内外的木梯。

1– 地穴式的万大社住屋，室内外高差超过一米

2– 万大社住屋室内木桩附着石壁林立，结构稳固

各地同中有异的住屋形态

泰雅人是台湾少数民族中占地范围最广的族群，他们大部分住在台湾北部海拔 500 米到 1000 米的山区，在清代的文献里被称为“北番”，分布地包括宜兰、花莲、新北、桃园、新竹、苗栗、台中与南投一带。聚落大都位于山坡，选择比较平缓处建造房屋，可能因为缓坡有利于排水，维持部落的干净卫生。

依日本学者调查，泰雅人住屋有北部、东部、西部，以及万大社所属的中部四种类型，它们的平面及构造略有差异。主要的室内空间采用长方形的建筑平面，靠近墙壁的部分摆床，床的附近开小窗采光。屋内后部为尊位，多为老年人所用。入口内部则为妇女的工作空间。

用智慧筑造山林生活

泰雅人的地穴式建筑，主屋的室内地面比外面低，有深穴与浅穴之分。结构主要是由木材、竹子做成梁柱，以木片、竹片、竹材、草来围墙壁，屋顶的材料大部分是茅草或以桧木片作为瓦片。为了御寒，室内也有火塘。

泰雅人瑞岩社住屋剖面透视图

位于南投县仁爱乡的瑞岩社，与万大社同属中部类型的半地穴式住屋

泰雅人住屋构造工法示意图

泰雅人使用竹材的技巧高明，能以各种工法将竹子用在住屋的各个部位

建筑类型除了住屋外，还有其他必要的设施，包括储存、收藏的仓库，此类建筑通常要架高约一米，有的甚至是更高的干栏式建筑，屋顶为斜坡式或略带平顶，主要是为了遮蔽雨水。在四根支柱与上部建筑物之间置有防鼠板，为略带弯曲的木板，目的是防止老鼠翻越到仓库上面。墙壁以竹子和山区的石头制成，竹子当成围篱，砌上厚的卵石即成墙壁，这种方式可增加墙壁厚度。并且，用竹子来框住石头，能有效御寒。屋顶除了用竹子和茅草，有时用竹管搭防护的屋顶构架，有时用粗的麻绳把屋顶的茅草捆住，这样当台风来袭时，屋顶不至于被掀开。这些都是加固、防护的技术。

此外，泰雅人常在部落边缘选择一个制高点建造瞭望台，可做警戒之用。瞭望台也属干栏式构造，但柱子非常高，可以有二三层楼的高度，旁边有简单的木阶梯可登。平时人在瞭望台上守望，视野更辽阔。

延伸观察

南投丨泰雅人眉原社住屋

虽然同为泰雅人住屋，但原位于南投县仁爱乡的眉原社住屋，其建筑形式和外观与万大社住屋有很大的不同。

眉原社住屋的基地采用平面式而非半地穴式，入口于短边开门。其最大的特色是利用巨大的弓形梁构成筒形屋顶，外表覆以经过整修的茅草，入口上方也以茅草编成一个可以遮雨的半月形盖，形成优美的外观。不过，它的平面呈长方形，为单室；墙体为典型的横积木式，内外再以扁木柱夹住，构造坚固；床用四根短柱支撑，置于角落。这些特点与万大社住屋相同。由此可见，泰雅人的住屋并非一成不变，而是因应地域有各自的风貌。

泰雅人眉原社住屋剖面透视图 将屋顶局部剖开，部分墙体切掉，不仅可以看到筒形屋顶与横积木式墙体的构造，亦能清楚呈现入口空间与室内配置。

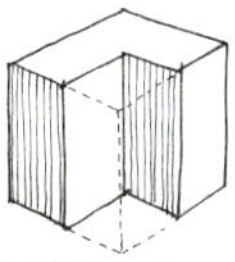
纵剖四分之一式

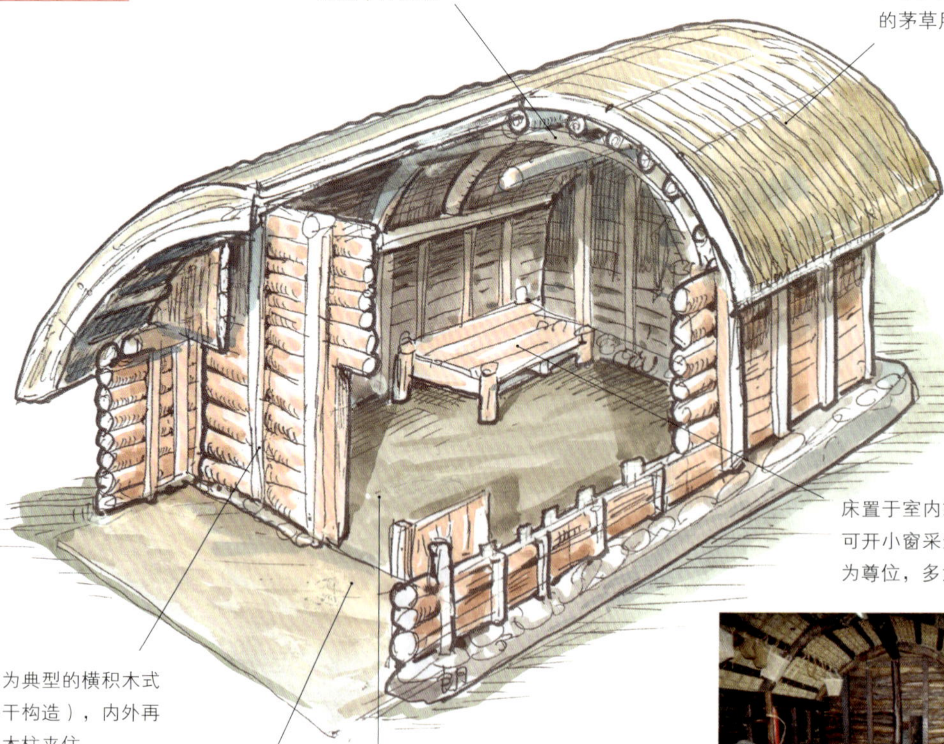

丨眉原社住屋的室内，屋顶有如穹隆

兰屿 | 雅美人（达悟人）住屋

雅美人与泰雅人一个临海，一个位于山区，但两者为适应环境采用相似的住屋形式，同为半地穴式。雅美人在日本学者早期的调查中被称为雅美人，居住在红头屿，即台东外海的兰屿，文化与菲律宾的巴丹群岛相近。雅美人的工艺技术高超，可在他们擅长建造的拼板舟中得到证实。其住所多分布于兰屿近海的坡地上，为功能不同的建筑之组合，包括主屋、船屋、工作房、产房、凉台，以及猪舍、鸡舍等。雅美人利用斜坡配置，因地制宜。其中凉台特别高出地面，采用干栏式构造，利于远眺，当族人乘舟出海捕鱼时，家人可登上凉台观望。

主屋因防风之要求，采用半地穴式，建在下挖约 2 米的凹地之上，只有覆草的屋顶露出地面。其平面呈长方形，入口设在长边，有出檐之前廊。屋顶前坡长而后坡短。屋架用木梁柱，主梁较粗，其余细小，居中的大柱被视为精神支柱。室内分为前室与后室，皆铺木地板，后室地面比前室高出约 35 厘米，而且故意留一部分土质地面，作为储藏之所。墙壁多用木板，木板之间的空隙则用剖开一半的竹筒遮蔽。另外值得注意的是，屋顶下方悬吊棚架，用来置物，能防避老鼠，是充分利用空间的巧妙设计。

雅美人主屋剖面透视图 以纵剖将主屋切除二分之一以上，深穴内的建筑配合地形建造，室内节节升高，构造材料、空间分配一目了然。

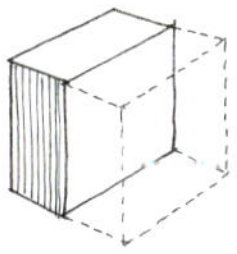

纵剖二分之一式

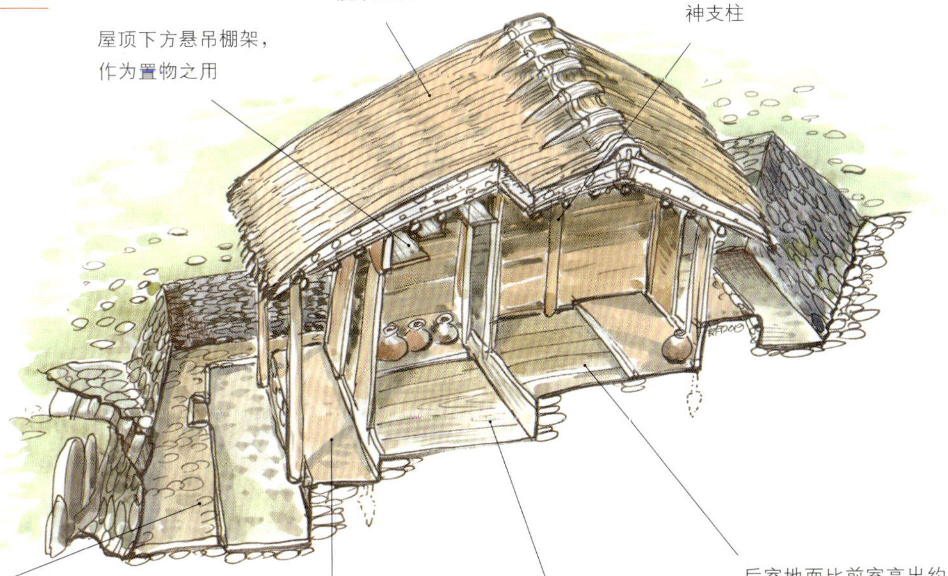

台东丨鲁凯人大南社青年会所

一座罕见的将建筑空间结构与木雕艺术密切融合的会所。

年代：20 世纪 30 年代以前，创建时间不可考
地址：原位于台东县卑南乡（建筑为南投县鱼池乡九族文化村仿造复原）

台湾少数民族的会所建筑主要作为青少年训练之用，包括生活、技能与战斗之学习磨炼，也可用于族里重要的会议、祭典、收获祭或成年礼等，因此它的规模较一般住屋更大，用材与艺术加工技术也较好。

1936 年台北州立台北工业学校（今台北科技大学）教授千千岩助太郎深入少数民族部落进行住居建筑考察，当时在台东大南社实地测量了这座结构工整、雕刻丰富且空间组织严谨的大屋。它是族中头目长老会议之所，也是青少年寄宿处。这座鲁凯人青年会所，无论是建筑结构之合理性，还是装饰艺术，皆属上乘，是台湾少数民族建筑的经典之作。

大南社会所以巨型木板做立柱，且立柱方向互呈直角，可以强化构造。板柱上雕有祖先像，而三面的床铺也满布浮雕，艺术价值极高。室内分为前后二室，前室不装门扇，后室放置可供取暖的火塘。会所整体空间流畅、功能分明、结构合理、雕饰丰富，被视为鲁凯人建筑之典范。

鲁凯人大南社青年会所　剖面透视图

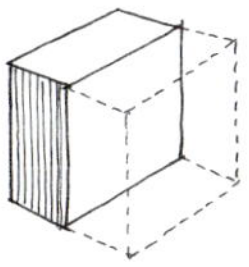

纵剖二分之一式

本图采用从中间切开的剖视法，板柱的排列表现清晰，并显示出三边高低有序的木板床铺。床铺依年龄分配使用，借助木梯上下。火塘位于后室，四周设有石板椅，可供聚会。

1. 坡屋顶是在竹管上铺茅草编成的。
2. 以浅浮雕技法雕出男女祖先像。
3. 木床以木板或竹子铺成。
4. 围炉的火塘空间，四周围以石板椅，中央生火。
5. 扁长的木板柱共约三十根，部分木柱雕祖先像。
6. 前室不设门扇，直接对外开放。
7. 木梯。
8. 下铺供少年使用。
9. 上铺供青年使用。
10. 木雕横梁。

1– 鲁凯人典型的石板屋，屋顶及墙体都以当地石板砌筑

2– 百步蛇图腾以浅雕手法，雕凿于大片石板上，并立于家屋前，有守护之意

3– 传说百步蛇是鲁凯人贵族的祖先，所以贵族阶级的家屋常见百步蛇雕饰。少数民族使用的雕凿工具粗犷，故此巨木雕刻立体感十足，展现出朴拙风貌

4– 以整片大石板当作支撑柱，顶住屋梁

| 鲁凯人阿礼社头目住屋剖视图　依据20世纪30年代千千岩助太郎的调查资料所绘

鲁凯人的建筑特色

鲁凯人分布在台湾南部高雄、屏东及台东的山区，分布区域的北边与布农人相邻，南边则与排湾人相接。因其社会长期受到排湾人影响，所以有些风俗或习惯接近排湾人，例如皆采用室内葬，运用石板建造房屋等。著名的聚落以好茶部落与雾台部落为代表。

鲁凯人沿着山坡等高线建筑石板屋，每座主屋前铺石板前埕，成为道路，非常干净。室内早期为单室，后期改建为复室；中央有“祖柱”，以巨木雕刻百步蛇与祖先像作为守护神柱；石板墙凹入成壁龛，放置祖先留下来的陶器宝物。他们善于利用石板做建材，不论是墙体还是屋顶多用石板，加固墙体的支撑柱也用石板，室内的床、地板及灶台亦皆用石板。千千岩助太郎所调查的案例均具有这些特色。如阿礼社头目住屋，平面为长方形，室内的一端设灶台；旁边围起猪舍；男人的石板床设在门边，女人的床则设在另一边；石砌厚墙中留出壁柜，用于收纳生活器物。

1– 从扁长的板柱到床沿的木梁，都可见人物及百步蛇的木雕

2– 室内以雕有百步蛇及人像的巨大木雕，作为支撑屋顶的结构柱

罕见的竹木造会所

鲁凯人的社会有贵族阶级，因而部落中由有战功的领袖号召建造会所，人数较多的部落可建两座。台东的大南社会所布满精雕木柱，多亏了当年千千岩助太郎教授进行测绘调查，留下宝贵资料，今日才得以复原。它的平面呈长方形，三面安置木板及竹子床，一面开口对外，不设门楣。室内共竖立约三十根板柱，中央板柱高达 7 米，使室内高敞而明亮。以两片板柱分隔前室与后室，前室为集会用；后室略小，有围成正方形的石板矮椅，中央置火炉，据说常作为族中长老向青少年传授祖先英勇故事的地方。

板柱朝向中央的一面皆浮雕男女祖先像，祖先犹如擎天柱，将大屋顶撑起来。三面的床铺也有规矩，低铺供给 8 岁至 15 岁的少年用，高铺供给 15 岁以上的青年用，21 岁之后若结婚则必须搬离。

延伸观察

屏东丨鲁凯人大武社头目住屋

鲁凯人一向以特有的石板屋驰名，不论何种建筑类型大多以石板作为主要建材。千千岩助太郎在屏东大武社（位于今屏东县雾台乡）所调查的这栋头目住屋，与大南社青年会所大异其趣，可谓典型的鲁凯人石板构造民居。

大武社头目住屋建于1870年，采用单室式，除墙体及屋面由石板构筑，室内还有石板床，连柜子也全用石板制成。厚墙亦留出内凹的壁柜，收纳生活器物。中梁之下以扁木柱支撑，木柱上面浮雕祖先像或百步蛇图腾。

鲁凯人大武社头目住屋剖面透视图 采纵剖方式将住屋剖开，除了看到石板构造，室内空间的配置亦清楚呈现，且特别绘出浮雕柱，以彰显这根柱子对鲁凯人的重要性。

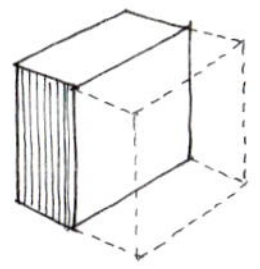

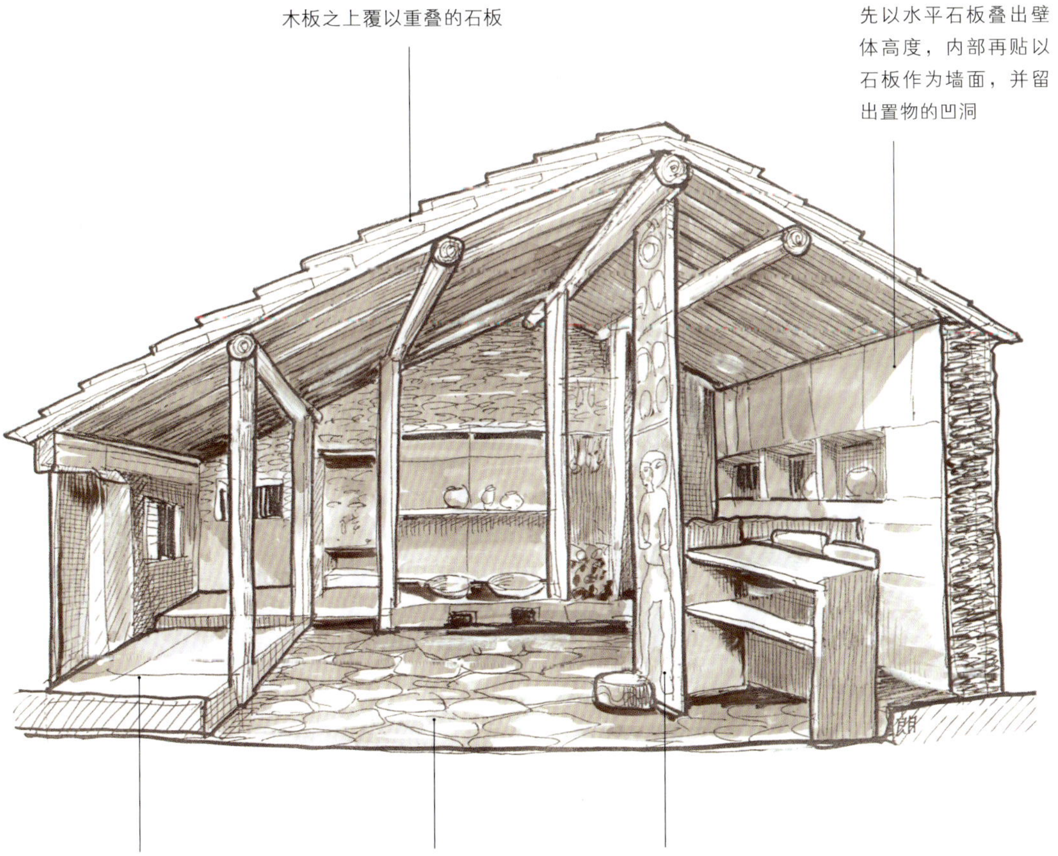

宅第

宅第

新北 | 芦洲李宅

十三间包五间的格局，实际为三座合院之并联。为防水患，多用砖柱与石墙。

年代：1895年（清光绪二十一年）增改建
地址：新北市芦洲区中正路243巷19号
方位：坐东南朝西北

芦洲李宅属兑山李氏家族，两百多年来筚路蓝缕垦拓芦洲地方，人才辈出，有的务农，有的从事工商业，也有行医济世或从事教育培育人才，亦有从军抗日的后代。

早年芦洲地势较低，常有水患之苦。为防洪水，完工于20世纪初年的李宅大量运用石条砌墙，砌砖柱，因石与砖皆为防水之建材。芦洲李宅属于清末台湾北部民宅的形态，为了遵循大家族的封建伦理制度，平面仍采中轴对称，符合台湾民居的发展规律。其平面之特点少见，即左右护龙与外护龙两两相对，各自围出独立的院子，因而大宅可视为三座合院并联而成之格局，此为台湾之孤例。

芦洲李宅坐东南朝西北，可以远眺观音山及林口台地。在传统家族的生活中，除中轴线的门厅、客厅与正厅之外，左右护龙为家族成员平时的生活起居空间，院子内凿有两口井，早期作为饮用水源。在台湾古宅第中仍能保持水质干净的古井之实例已不多见，值得珍惜。

芦洲李宅　鸟瞰剖面透视图

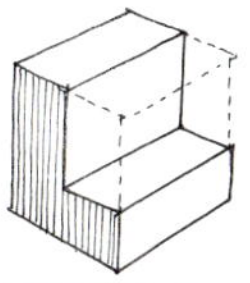

纵平剖四分之一式

“大厝十三包五，三落百二门”是芦洲李宅格局之最佳写照。本图将一半屋顶掀开，房间布局及廊道纵横交织一览无余，大宅反映出古代大家族合居之凝聚力与向心关系。

❶ 凹寿步口。
❷ 屏风墙。
❸ 圆井，为住宅内最主要的饮用水源。
❹ 正厅为接待宾客之所。
❺ 后天井地砖铺成合心形式，象征丹墀。
❻ 后堂有神龛，供奉祖先牌位。
❼ 尾间，即护龙最靠外的房间。
❽ 过水门。
❾ 下山护龙，即屋顶较低的前段护龙。
❿ 采用减柱法建造的亭子。
⓫ 侧院。
⓬ 顶山护龙，即靠近正身且屋顶较高的后段护龙。其地势较高，可使雨水向前排放。

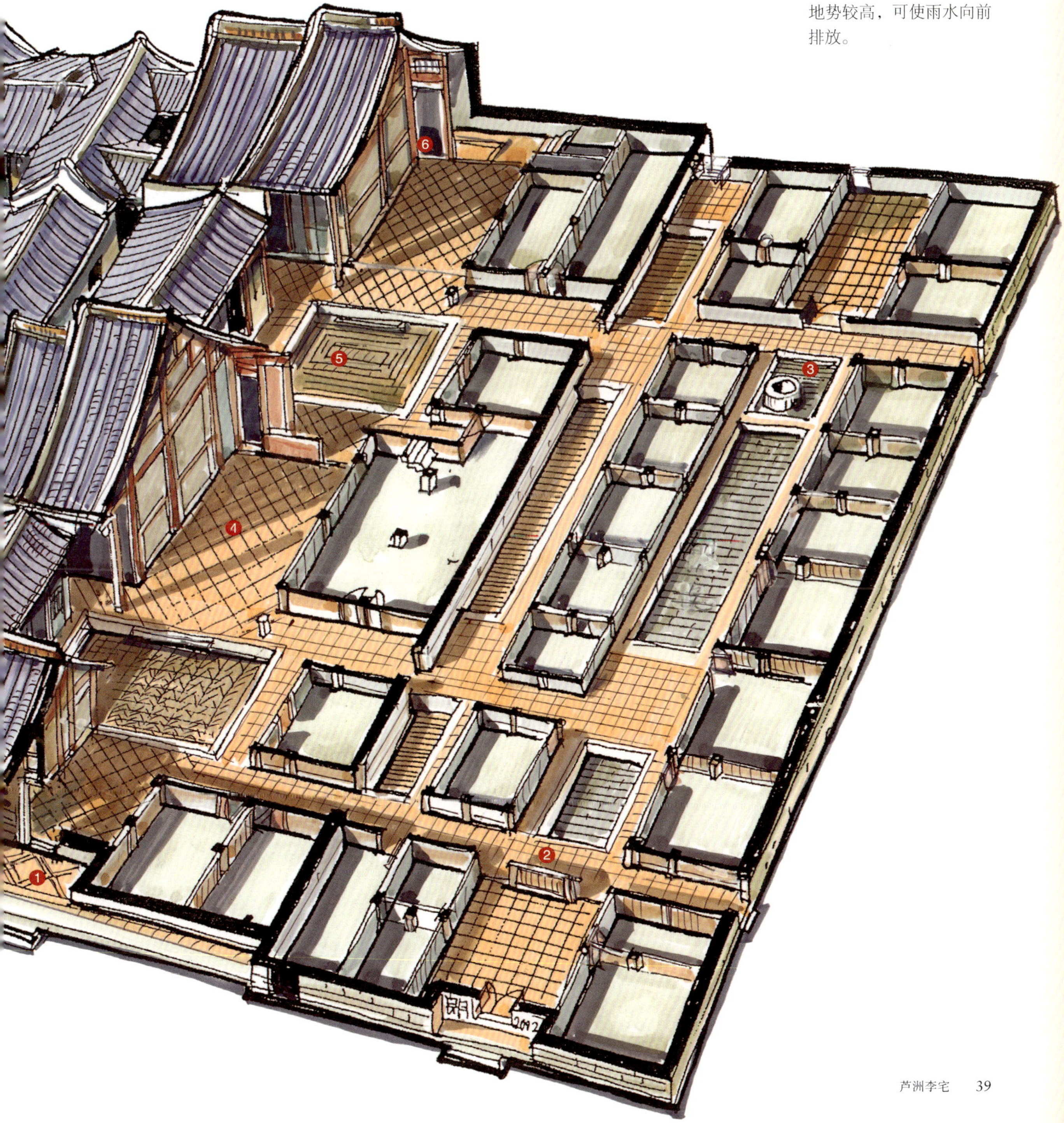

1– 屋架木结构朴实，中柱以砖砌成，用色符合传统民宅之制

2– 正厅步口斗拱

文才武略兼具的芦洲李家

芦洲李氏家族克勤克俭，来台第二代的李清水即于清咸丰年间初创宅第，再由其七子合资，于 1895 年（清光绪二十一年）大事修建，1903 年完竣，成为今貌。家族中最具代表性的人物，有一文一武的清末秀才李树华及民国将军李友邦。李树华于清朝任儒学正堂，晋赠奉直大夫，荣获清光绪皇帝御赐“外翰”匾额及“丹桂九鼎”门神图绘。李友邦在日据时期与“台湾文化协会”的蒋渭水、赖和、王敏川及连温卿等时常往来，芦洲李宅成为北部抗日志士集会的重要据点。

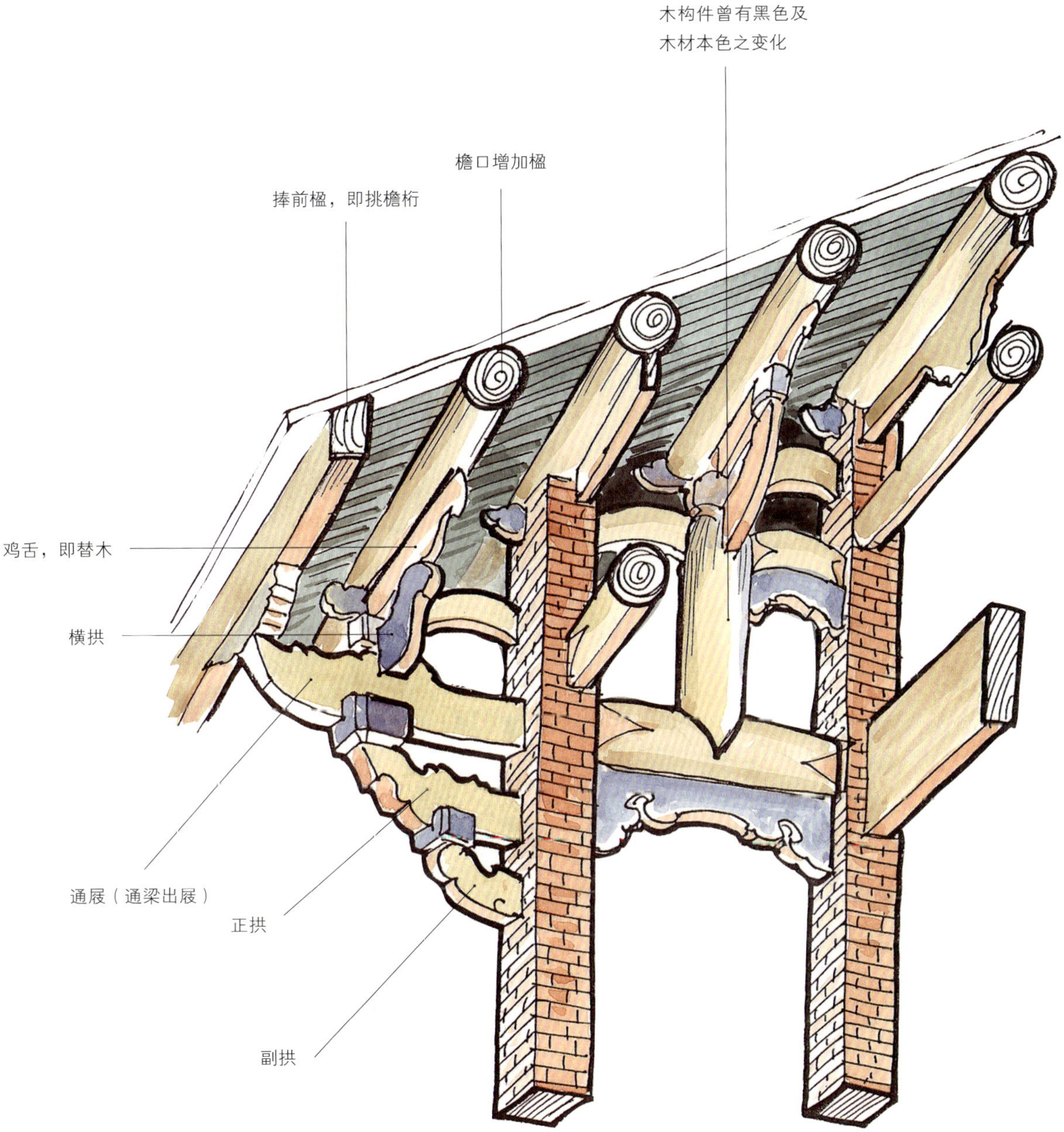

芦洲李宅正厅步口屋架分析图

正厅步口出檐长，“通屐”做成关刀拱，直接承托“捧前楹”，中间又增加楹木，以“鸡舌”及横拱将重量传递至通屐上

1– 宅内天井铺砖石，其排列图案亦反映了中国古代阳宅的风水理论
2– 李宅大量运用石条与砖等防水建材，因应早年芦洲时常淹水的地理环境

依风水文化所建之宅第

芦洲李宅保持着传统儒家的“左昭右穆”对称布局，也体现了古代之“堪舆”文化。宅第面对的观音山，因山形横看成岭侧成峰，民间传说为笔架山，主文运，加上淡水河经李宅东部流向关渡，因此观音山也可视为水口山，围住了芦洲一带的灵气。李宅亦有“田野美”之赞誉，宅前辟椭圆水池蓄水以界气，池北则为阡陌相连之稻田，古时从门口可直望观音山麓，乃一片绿野平畴的景象。

现今李宅仍保存着清宣统年间文献《“浮水莲花，老臣扶少主”风水图》，内容说明宅第“坐巽乾向”（即坐东南，朝西北），正堂及大门对准观音山，并以“摆接堡”十里外后屏山为靠山，而且记载该地之堪舆是由“拜爵堡（摆接堡）吴尚指示而经廖风山查复”。而所谓“浮水莲花”，系指宅前大池可见远方观音山之倒影，有如照镜，古代视为极佳之风水宝地。在台湾宅第古迹中，芦洲李宅仍完整保存，并保留着记录古宅的珍贵史料，是非常难得之例。

芦洲李宅全景鸟瞰透视图 李宅为三座合院、三组天井的罕见格局，宅第正前方设置门楼

1-李宅格局方正，配置三进六护龙，建筑反映了儒家严谨对称的精神

2- 左右护龙为家族成员平时的生活起居空间，院子内凿有两口井，供应饮用水

李宅格局为三进六护龙，第一进为五开间的门厅，第二进为客厅，第三进为正厅，左右各有三列护龙，第三进共宽十三开间，据实际统计李宅共有五十四间房，约一百四十二樘门窗。其最大特色是左右各有一列护龙不朝中轴线，反而朝外，另形成两组合院。合院的天井提供宽敞的生活空间，有水井供应日常用水。易言之，芦洲李宅除中轴有天井外，左右亦各有天井，形成三组天井。这种布局，事实上形同三座合院建筑并置在一起，是全台唯一。

延伸观察

新竹丨关西叶宅

此宅第亦为重视风水文化的典型北部客家合院，正可与原籍泉州的芦洲李宅做一比较。

新竹的靠山地区多为客家村落，山区地形高低起伏，民宅乃采背山面水布局，符合“后山为枕，前水为镜”之风水理想。关西客家民宅多以小丘为靠山，前临溪流，或在宅前凿池。在农业社会时代，水池可养殖鱼类，夏季亦有改善局部微气候的作用，为善用自然地理环境之设计。

关西叶宅全景鸟瞰透视图 以鸟瞰角度绘出全景，其面宽共十一间，左右各有两列横屋（即护龙），屋顶以正堂中央三间最高，向两旁依次降低。对称平衡之平面，反映出客家人重视儒家传统伦理序位之思想。外横屋有部分房间可豢养牛羊或鸡鸭。正堂前原称为“禾坪”（即内埕），平时为作息之所，农忙时作为晒谷场。

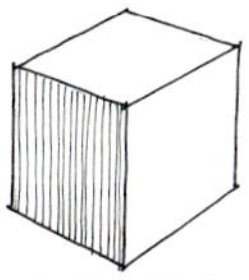

全景鸟瞰式

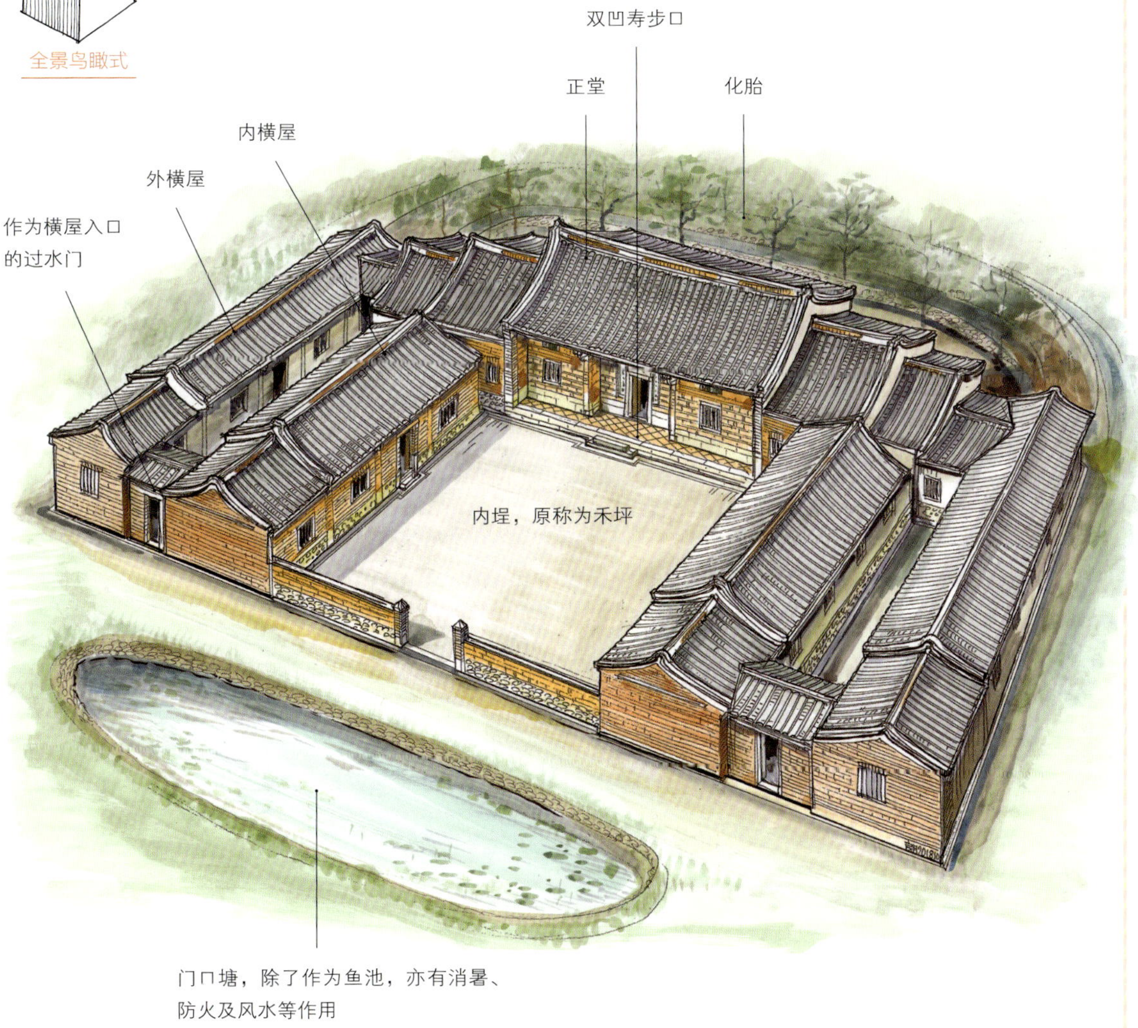

新北 | 林本源园邸三落大厝

最典型的“大厝九包五，三落百二门”布局，清代台湾首富的豪门宅第。

年代：1853 年（清咸丰三年）竣工
地址：新北市板桥区西门街 42 之 65 号
方位：坐东南朝西北

台湾俗谚“大厝九包五，三落百二门”乃出自民间流行的知识书《千金谱》，形容清代富绅豪宅后落九开间、前落五开间，两者以护龙及过水廊相接之格局，有如长辈伸出双手环抱小孩之势，宅第共辟有约一百二十樘门窗。清代台湾首富林本源家族（“林本源”为家族名号，俗称“板桥林家”）在板桥所建的豪华大宅第，即最典型的实例，亦为台湾古宅之经典。

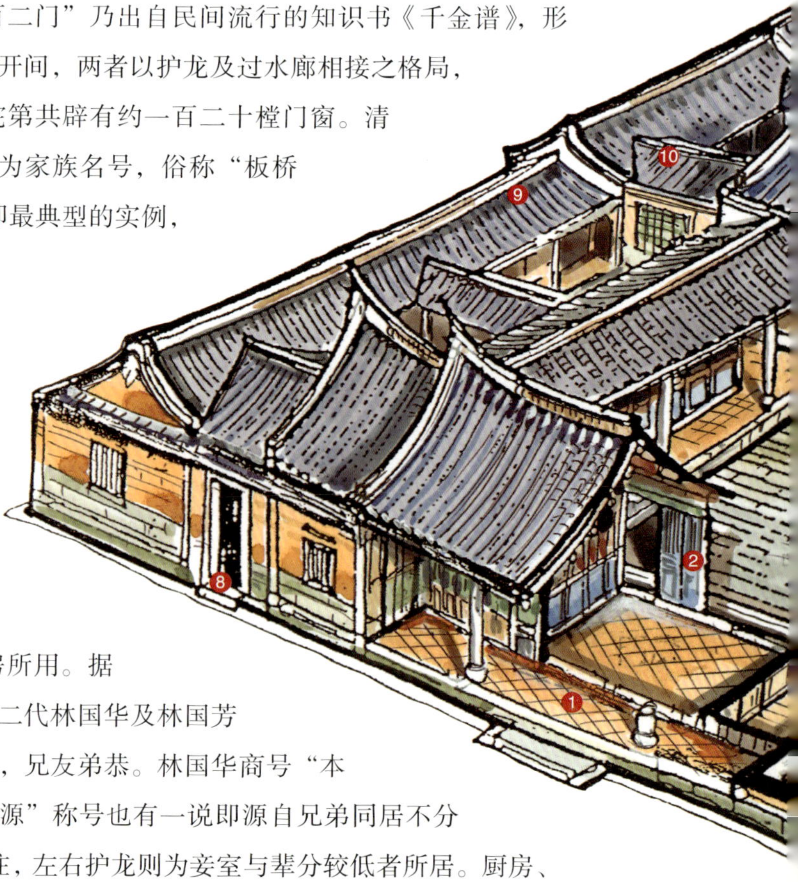

林本源三落大厝的中庭前后有别，表明了家居生活的亲疏关系。前院的中庭左右为廊道，后院的则仅有围墙，从而扩大了后院面积。另外，左右侧院也设“障墙”分隔，使外人不易直窥内院。在空间使用上，前落门厅中央可置大轿，左右房为轿班、门房或管家账房所用。据考证，三落大厝落成后，林家在台第二代林国华及林国芳兄弟分住第二落厅堂的左、右侧房间，兄友弟恭。林国华商号“本记”，林国芳商号“源记”，故“林本源”称号也有一说即源自兄弟同居不分产。至于后堂，则多为老辈与妇女居住，左右护龙则为妾室与辈分较低者所居。厨房、柴房亦在位于护龙的角落。

林本源园邸三落大厝　鸟瞰剖面透视图

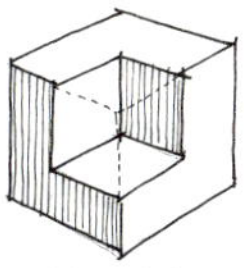

纵平剖八分之一式

三落大厝合乎台湾传统俗谚所称之格局，其建筑用材优良，木雕、砖雕与石雕皆精。本图呈现宅第的完整格局，局部剖切可看到正厅前的左右廊内设屏风格扇，适度分隔亲疏空间，反映了清代士绅家庭之伦理制度。

1. 步口廊宽三开间，为高级做法。
2. 屏风门平时封闭，遇红白事时才使用。
3. 屏风格扇将廊道划分出内外明暗，使访客不易窥探护龙庭院。
4. 正厅为主人使用之所。
5. 后院两侧不用廊道，光线明亮，利于居家活动。
6. 后厅常用作佛堂，由老辈族人使用。
7. 密格窗使内外亲疏有别。
8. 过水门，即偏门或方便门，供仆从、用人出入。
9. 护龙为辈分较低者使用。
10. 连通正厅与护龙间的过水廊。

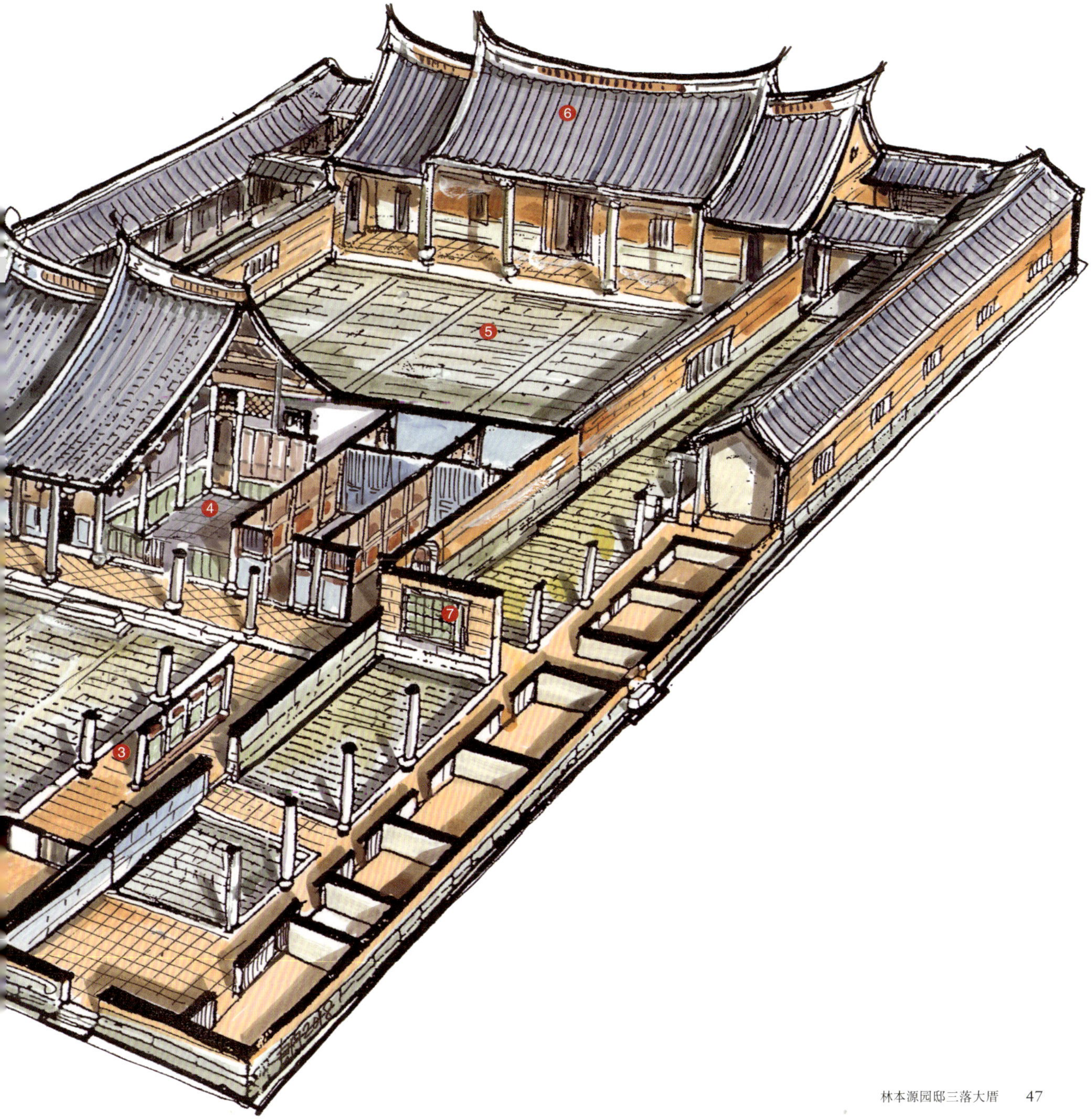

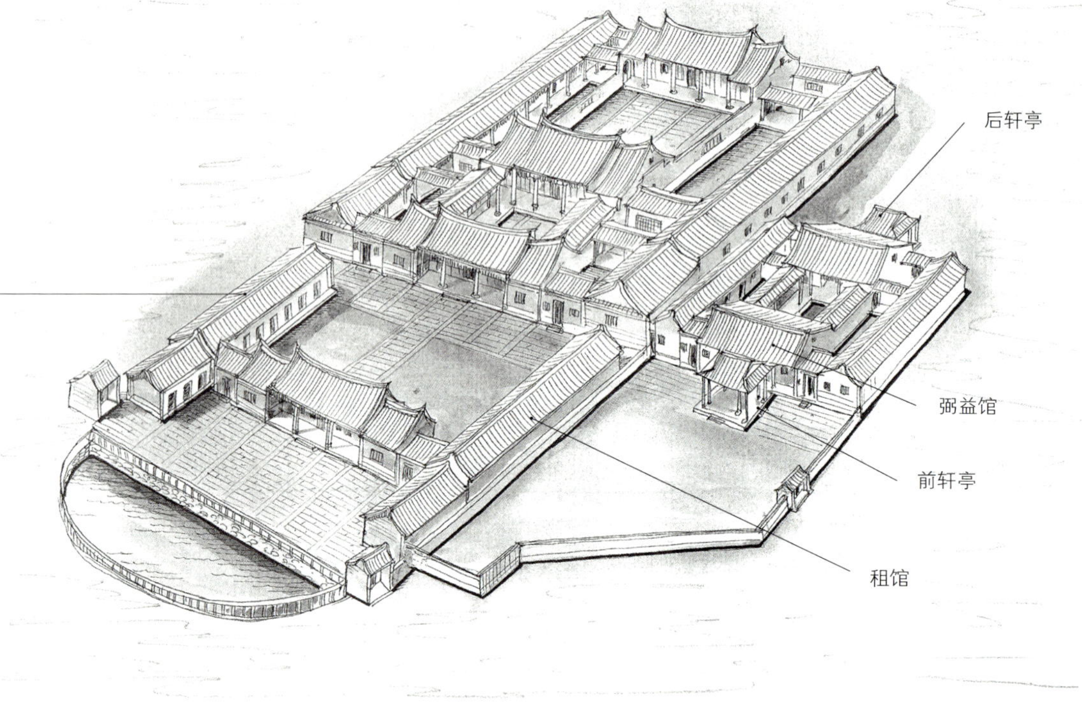

三落大厝全区鸟瞰透视图
可见当时林家在板桥的第一栋建筑——弼益馆（近年拆除，改为停车场），以及前方的租馆均完整保存

分类械斗下完竣的三落大厝

清咸丰初年，台北盆地正值多事之秋，不仅漳泉分类械斗，闽、客冲突不断，甚至同为泉州人的三邑人与同安人也爆发所谓“顶下郊拼”，人民死伤累累，财产损失不计其数。

这时，原籍漳州的林本源家族却大兴土木，建起三落大厝。据文献记载，三落大厝始建于1851年（清咸丰元年），迄1853年竣工。究其原因，林家主人林国华和林国芳被板桥及中和一带的漳州移民推举为领导人，尤其是林国芳性好武术，颇为善战。三落大厝落成第三年，林家又紧接着倡建板桥城堡，将市街四周围以土堡，辟四门通内外，成为当时坚固的城池，以防敌对的泉州人侵扰。

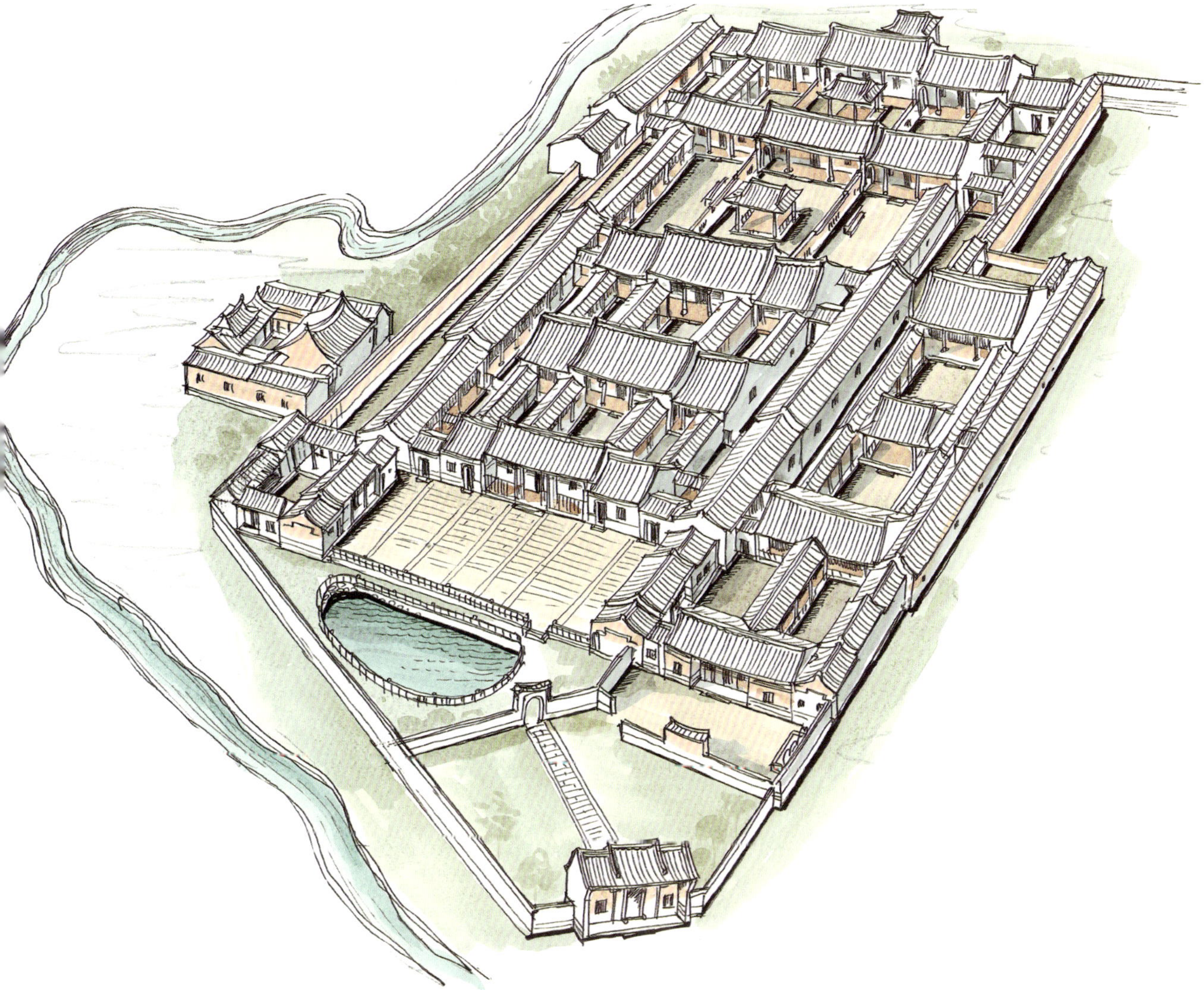

五落大厝全区鸟瞰透视图
林氏家大业大，至第三代的林维让和林维源兄弟，于光绪年间再增建为五落大厝。新旧宅第加上偌大的花园，面积几乎占板桥城的一半

1– 祖厅步口廊内的卷棚栋架，员光、束随、看随、瓜筒等均雕刻精美
2– 门厅内凹三开间相当气派，除格扇门窗雕凿细腻，对看堵上的砖雕亦为佳作
3– 门厅次间的格扇窗分为顶、身和腰堵，雕刻细致

1- 从门厅跨入内院，平日要走左右门，中央屏风门不轻易开启

2- 后堂前的天井宽阔，是长辈及妇孺日常活动之处

呈现清代士绅家族气派的建筑

三落旧大厝位于昔时枋桥市街的西北边，地势略高，可防水灾。它建在弼益馆右侧，两座房屋之间有一口水井，相信是一口很古老的井。三落大厝的方位考究，采取坐东南朝西北的坐向，即风水所谓“巽山乾向”之宅。宅后有小丘，前临湳子溪，古时可搭舢板船通淡水河，乃至新庄及艋舺。远方可见到观音山及林口台地，这是它的朝山与案山。从风水条件来看，三落大厝显然处于形势优胜之地。

大厝的平面格局极为严谨，外墙接近正方形，前后有三落，左右夹以回廊及护龙。三落包括门厅（前厅）、祖厅（正厅）及后堂（后厅），经过核算，林宅共有五十二个房间，超过一百二十樘门窗。当时依据家族伦理，林家主人林国华和林国芳居于祖厅左右，长辈及妇孺居于后堂，辈分较低者则远离祖厅及中轴，居住在左右护龙中。

新北丨林本源园邸来青阁

林本源庭园中最高且最精美的楼阁，四角以砖砌房间强化楼阁结构。

年代：1893年（清光绪十九年）竣工
地址：新北市板桥区西门街9号
方位：坐东朝西

板桥林家花园可说是最具代表性的台湾庭园建筑，每一景物的排列都恰到好处，手法巧妙、设计雅致、安排自然且不露斧痕。花园面积有一万多平方米，配置大约分为九区。分区亦是中国园林共同的特征，每区皆有主题与特色。各区之间采用屋、墙、假山、回廊、陆桥或水池互为屏障，起到阻隔作用，刻意营造空间上的隐蔽感，使人无法同时见到全部美景，以激起人的探奇心理。在园林中行进，总感觉弯来绕去，在有限空间中达到丰富而有层次的效果。

来青阁是全园的主楼，登阁楼可环顾园景及远方的庄稼山景，故名之。明朝造园家计成所写《园冶》一书谓“阁者，四阿开四牖”，即歇山顶、四面开窗之建筑，来青阁四面之中部都设格扇门窗及步口廊，名副其实，又利于凭栏远眺。它面宽五间，进深三间，平面柱位排列接近九宫格，空间严谨，造型四平八稳，特别是二楼的柱子向内缩进，使轮廓更显秀丽。另外，其背面为廊，另三面为庭院所环绕，并以云墙分隔庭院，亦为台湾一绝。

林本源园邸来青阁　掀顶横剖透视图

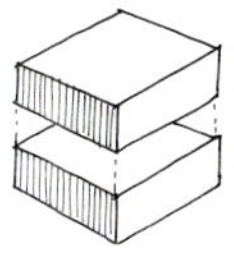

平剖二分之一式

来青阁是林本源庭园内最精美的楼阁建筑，本图特意提高屋顶，可看到二楼一厅二房及四隅的结构。二楼房间为贵宾下榻之所。它的四周为庭院所环绕，并以上下起伏的云墙将庭院划分成三个小院，隔而不绝，声气互通，为全台仅见之设计。

1. 四垂顶（歇山顶）为四面皆设屋坡之形式，是较高级的屋顶。
2. 二楼中厅。
3. 二楼房间为贵宾下榻之所。
4. 二楼走马廊栏杆。
5. 步口廊宽三间，左右设员光门。
6. 四角之砖砌房可强化楼阁结构。
7. 门口埕。
8. 右侧埕。
9. 左侧埕。
10. 荷叶形漏窗。
11. 云墙上下起伏、左右转折，有如飘带。

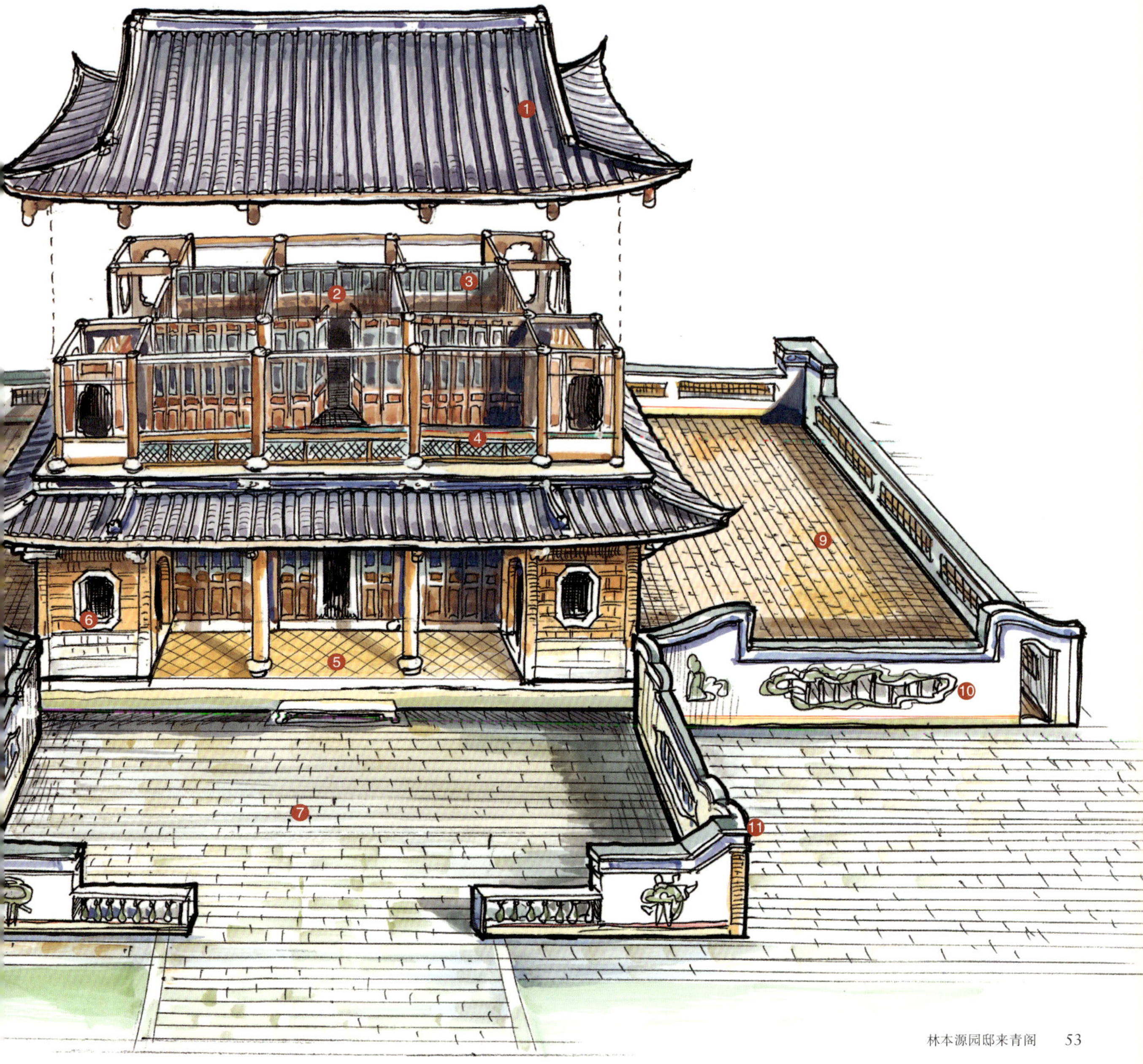

板桥林家花园以榕荫大池为核心，各景区环绕周围，
图片左上方可见园中最高的主楼来青阁

历经沧桑的林园楼阁

偌大的林本源庭园估计需经多年才能建造完成。林家在台第二代林国华和林国芳兄弟兴建三落大厝后，庭园可能已略具规模，至第三代林维让、林维源手中，再投入巨资扩建，来青阁应为此阶段所建。1893 年（清光绪十九年），亭台楼阁、堂屋簃榭，一一以回廊串联，这最具代表性的台湾庭园建筑终于大功告成。

日本人侵占台湾后，林家迁回厦门，名园逐渐荒废。庭园曾被日本人列为台湾名胜而盛极一时，但战后各栋建筑都被隔成房间，为来台的移民暂住，园区杂乱不堪。来青阁又在获得修复机会之前，二楼部分遭祝融之灾，真可谓历尽沧桑。现在所见乃重修之物，但内部木雕细节皆与原来相同，精美程度不下于旧物。

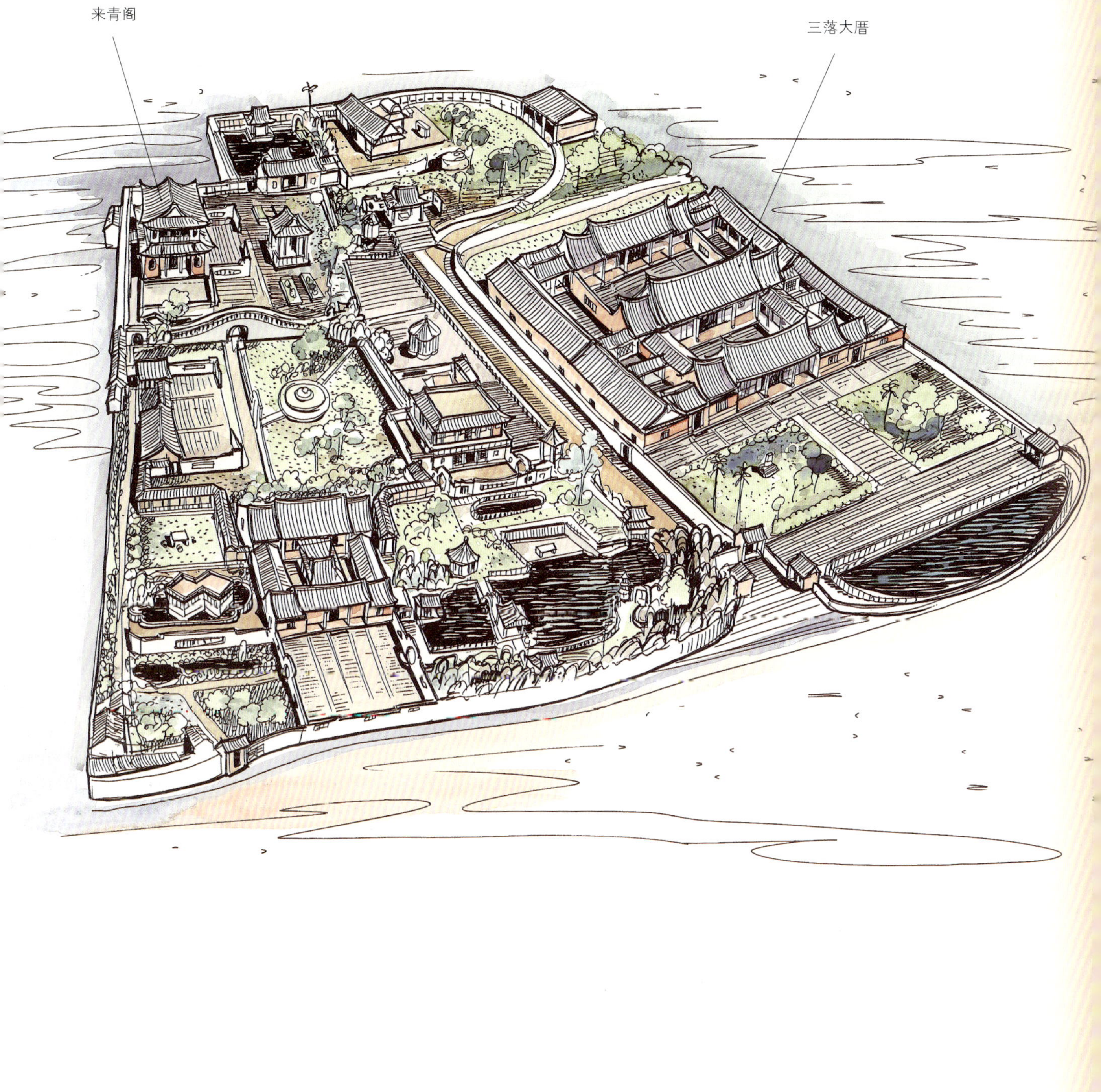

林本源园邸三落大厝及庭园全景鸟瞰透视图
大厝与庭园两者关系紧密，反映出清末豪门的生活环境

| 1- 日据时期的来青阁，周围无高楼，可以想见登高观景的精彩盛况
| 2- 来青阁背后设廊道连通其他景区，左右及前方则设小院
| 3- 来青阁的二楼平面内缩，使得整体外观气派又不失秀丽
| 4- 登上来青阁二楼的走廊，凭栏望之，美景尽收眼底

精巧细致的园区赏景之首

来青阁为板桥林家花园第四区的赏景之首，耸立在庭院中央，景致开朗。登楼眺望，附近绿野平畴，大屯山、观音山诸峰尽收眼底。此楼比园中另一座观稼楼大，被称为大楼，因颇具神秘感，历来被乡人附会种种传说，又以绣楼或梳妆楼雅称之，实则未必如此。来青阁当年除了作为主人燕居之所，也是贵宾下榻之处。

来青阁四隅采用砖砌厚墙构造，并将楼梯隐藏在内，可使结构更为坚固，以达到稳定之效。一楼天花板的蝙蝠木雕，以及二楼步口廊的瓜筒和斗拱雕刻，表现出漳州派木雕纤巧细致之特色，又深受潮州派木雕华丽风格之影响。屋宇结构俱为昂贵的楠木与樟木，其飞檐高昂，门窗精雕细琢，在林园建筑中勇冠群伦。另外值得注意的是，来青阁采用卷棚式栋架，在二楼可见到双中脊梁之构造，这也是罕见之做法。

林本源园邸来青阁正立面纵剖图

一楼设三开间大厅，可宴请众多宾客；二楼分隔为三，则是较私密的休憩之所。上下两层均设走廊环绕

延伸观察

新竹丨潜园爽吟阁

新竹潜园主人林占梅本人极具文采，工诗文，所以不似板桥林家仅以主人姓氏为庭园命名，而是取了一个寓意深远的雅名“潜园”，取其沉潜内敛之意。可惜其后代家道中落，庭园被分割易手，今日仅见存于新竹闹市区陋巷中的残破一角。潜园若能完整保存，想必不会让林家花园专美于前。

潜园是以水池为主的一座巨大庭园，周围布置了曲折长廊，长廊尽端紧挨着水边的一座二层楼阁即爽吟阁——顾名思义，为一吟诗之处。其内院将池水引进中庭。潜园采用借景技巧，将附近的竹堑城西门城楼及城门附近的一段城墙纳入园景之中，设计手法高明。

1895 年日军进入新竹之后，北白川宫能久亲王曾宿于爽吟阁内，因此在日据中期的都市计划中免于拆除，而被迁至客雅山。不过，爽吟阁命运多舛，战后沦为住家而面目全非，近年又被夷为平地，令人不胜唏嘘。

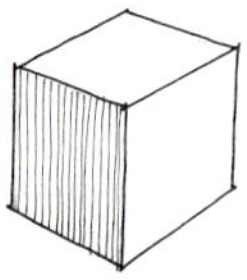

全景鸟瞰式

潜园及宅第全景复原鸟瞰图

邻近的城墙及城门，亦成为潜园借景之对象

潜园爽吟阁、兰汀桥及游廊复原示意图

宅第

台北 | 林安泰古厝

台北盆地现存少数清代民宅之一，其石雕与木雕特别杰出。

年代：1823年（清道光三年）大致建成
地址：台北市中山区滨江街5号（原位于大安区四维路141号）
方位：坐东北朝西南

林安泰古厝曾因台北市政府拓路而拆迁，引起热心文化保存之士的关注，从而为人所熟知。它是台北盆地内现存的少数清代道光以前兴建的建筑之一，而目前台北盆地大多数的古迹兴建于清朝晚期的同治、光绪年间。从建筑物本身年龄的角度来说，林安泰古厝历史久远，是台北最古老的民宅之一，弥足珍贵。

宅第兴建时，为了在平原上营造符合背山面水的房屋格局，在前面挖掘了大水塘，宅后则种植树丛竹林，创造出一个人工的屏障。拆迁重建后的古宅面宽为九间，左右各有两道护龙，为“大厝九包五”两落大宅第的规模。其实原来向左右延伸的护龙还有更多，相传当时可容纳近百人聚居。其建筑用材壮硕，结构比例美好，雕工精细，在很多方面极具特色，反映出清代台北大户人家之居住生活品位。

林安泰古厝　全景鸟瞰透视图

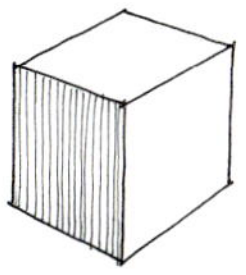

全景鸟瞰式

本图所绘为迁建后的情况。图中可见宅后有树丛，是台北仅存少数最古老的民宅之一，前辟半月池，左畔有独立之书房。门厅采用“双凹寿”，入口向内凹进。正厅不设门窗，直接面对天井，内部空间更为明亮。左右天井多用白粉墙，其反光有助于傍晚做家事。

❶ 半月池，也称风水池，坐北朝南的建筑以水来平衡“火”，因南方朱雀主“火”。

❷ 前埕，也称为门口埕。

❸ 前落，也称为门厅。

❹ 门厅采用双凹寿入口，做法系将墙体凹入两次，形成曲折的平面。

❺ 正厅不装门扇，直接面对天井，称为敞厅式。

❻ 女婿窗密雕窗花，可遮挡视线。

❼ 护龙。

❽ 过水廊设墙，只留门窗，可以适度遮挡视线，使内部家眷的作息较隐蔽。

❾ 外护龙供辈分较低的族人居住。

❿ 书房也是私塾，是教育孩童之学堂。

⓫ 过水门为左右偏门，方便护龙里的人员进出。

⓬ 西侧院也可雅称“月井”，相对的东侧院称为“日井”。

⓭ 白粉墙可反射光线，以利眷属用人做家事。

1979年工人在拆解林安泰古厝门厅

台湾古迹保存史上的牺牲者

按照林家族谱的记载，林安泰古厝虽在乾隆年间由来台第二代的林志能主持修建，但其全部规模似乎并未在当时就完全成形。其正厅左侧护龙门扇上雕刻有“道光通宝”的字样，我们据此可以推断，两侧的护龙可能是在道光年间或更晚的时间改建或增建而成的。

至 20 世纪 70 年代末期，因台北市敦化南路道路拓宽计划，市政府决定将原位于大安区四维路上的林安泰古厝拆除，引起轩然大波。此决定立即引起文化界人士，包括古迹保护者、艺术家的关注，他们认为林安泰古厝是台北市东区发展史的见证，有着相当重要的历史价值。但当时的上级单位无心保存，又缺乏保护古迹的法规，最终仍无法改变古宅被拆迁的命运。古宅在迁建过程中历经几番波折，直到 1986 年才重建于滨江公园。回顾起来，从拆除到重建，中间的停宕时间将近七年，有些木雕因此腐朽，至为可惜。这是台湾古迹保存运动史上的反面教材。

林安泰古厝内部空间组织剖视图

正面未置门窗的厅堂，其内部一览无余，可与中庭连成一体

1– 前落中央的门厅为五开间格局

2– 门厅设置屏门

3– 门厅的束木雕有古琴，琴袋的褶皱雕得惟妙惟肖；其下的束随则透雕回首夔龙，造型相当生动，和上面的琴身相互辉映

4– 正厅左右两侧可见雕刻细密之女婿窗

5– 正厅中央供奉祖先牌位的神龛，雕工与其他部分风格一致

6– 左右天井多用白粉墙

林安泰古厝瓜筒构造分析图
斗拱、瓜头串及瓜筒等木构件用料壮硕

隐藏古宅生活趣味的建筑细节

林安泰古厝的方位是坐东北朝西南，俗谚说“向阳门第春无限”，在冬天也可以得到日晒，是很好的兆头。门厅的木结构相当精致，两根金柱独立在门厅中。正厅的正面不装门扇，但侧面则装有特别用途的固定门扇，原因是古时通常由媒妁之言来缔结婚姻，男方由媒人带到女方家拜访女方父母时，女方则会透过门窗上的小空隙来观看男方的仪容举止，故而此窗俗称“女婿窗”。

宅第正厅中央的神龛上挂着“九牧传芳”匾，相传九牧是古代林氏始祖被册封之地，因此林氏后代常以此自许。另外，古时会将具有恭贺性质或捷报的红纸张贴在正厅两侧，让家族成员知道子孙中有人中举，或取得特殊成就等，同时亦向祖先昭告子孙的杰出成就，并对其庇佑表示诚挚感恩。

林宅的木作雕工精巧细致，最为脍炙人口的是门厅内凹寿入口侧门上方的束木和束随。束木也称为月梁，顺应结构被雕成包裹着琴袋的琴身，而束木之下的束随被雕成生动的夔龙，两者上下辉映。总之，林安泰古厝无论是大格局还是细部雕刻，乃至造型比例权衡方面，皆达到极高的艺术水平。

宅第

台中 | 筱云山庄

清代台湾最大藏书家的庄园大宅，体现诗礼传家之完整格局。

年代：1866年（清同治五年）创建
地址：台中市神冈区三角里大丰路四段211号
方位：坐北朝南

在台湾，来自福建漳州诏安县的移民与其他漳泉移民不同，前者以客家人为主。他们因地域性及散居的特点，很早就逐渐闽南化，但这个群体之于台湾的重要性不容小觑。在台湾中部，同为清乾隆年间移居者就有神冈吕氏及潭子林氏，两大家族居住位置邻近，分别建造了筱云山庄、摘星山庄，其中筱云山庄堪称清代同治、光绪年间台湾中部士族庄园之经典。吕氏族人秀才与举人辈出，而初创主人吕炳南礼贤下士，曾邀请广东名士吴子光来台讲学，广结善缘，并带动台湾之文风，功不可没。

筱云山庄有山庄之名，也有田野阡陌美景之实，在文士吴子光眼中具有桃花源之境，曾谓“客至问津者，沿溪行，径渡板桥，不数武，则义门吕氏筱云居在焉”。1878 年（清光绪四年）藏书室“筱云轩”落成时，吕炳南成为清代台湾最负盛名之藏书家。吴子光题对联曰“筱环老屋三分水，云护名山万卷书”，正是其写照，展现出古时台湾书香门第之生活情趣与艺术品位。其建筑精美而秀雅，富书卷气质。宅旁附庭园，曲水流觞，至今犹存。

筱云山庄　全景鸟瞰透视图

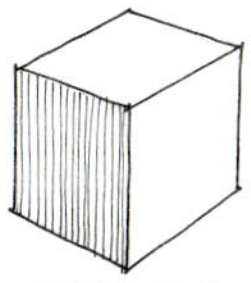

全景鸟瞰式

为表现宅第与周围景色的关系，本图将门厅笃庆堂和正厅五常堂居于视觉中心，六列护龙分置两侧，而藏书室筱云轩、迎宾阁、花园曲水流觞景色在东隅。自壮丽的门楼进入后，可见半月池与笃庆堂，经由南边小桥渡过潺潺溪水之后，可达后期增建的房舍，欣赏园池盛景。

1. 两层楼三开间的壮丽门楼。
2. 半月池引水界气。
3. 门厅笃庆堂有精美的交趾陶装饰。
4. 天井以两道围墙分隔公私空间。
5. 正厅五常堂外观朴实端正。
6. 两层楼的铳楼为警戒与避难之所。
7. 筱云轩作为藏书室，墙壁有防潮设计。
8. 池水被引至曲折的流杯渠。
9. 迎宾阁，为接待贵宾下榻之所。

1– 筱云山庄门楼采用翘脊燕尾，至为昂扬壮观。楼上可供守更者使用。外墙辟有八角窗及书卷窗，拱门黑底上画一圆日，似有紫气东来之意

2– 筱云山庄创建时特聘泉州陶匠蔡腾迎，制作多彩多姿的交趾陶装饰墙面与屋脊，至今大多犹存。此为门楼正面身堵的局部

文章华国、诗礼传家之宅第

1771 年（清乾隆三十六年），筱云山庄主人吕氏的先祖携眷渡台，至 1790 年家族移至三角仔庄（今台中神冈三角村）建造房屋定居下来，逐渐成为一方望族。1862 年（清同治元年）台湾中部发生戴潮春事件，吕家望重乡里，主持招募壮丁保卫家乡，安顿了地方民心。事平之后，1866 年吕炳南为奉养母亲张太夫人，斥资建造别业，即筱云山庄。宅第落成时，其声望也达于顶峰。

吕炳南的三子汝玉、汝修与汝诚，俱中秀才，广东鸿儒吴子光称许这一门三秀才为“海东三凤”。1888 年（清光绪十四年）吕汝修又中举人，获“文魁”匾额，再为门楣添光。吴子光博学多闻，曾客寓筱云山庄为西席，并于吕家所创的岸里文英书院讲学，参与《淡水厅志》之编撰，是吕家蓬勃文化活动的灵魂人物。当时文人雅士群聚山庄内，加上筱云轩庋藏经、史、子、集等书籍两万一千多卷，造福读书人匪浅。

筱云山庄筱云轩曲水流觞图
藏书室“筱云轩”前方有庭园水景、卵石砌岸

园中有屋，屋中有园

筱云山庄方位坐北朝南，但略偏东南，在八卦中称为“乾山巽向”，背有小丘陵隆起，左侧引大甲溪的水自北向南环护，经门楼前转弯向西南流出，为风水术语所称之玉带水环抱。水能界气，使钟灵毓秀之气聚于此。古时山庄四周皆为田园阡陌的自然风光，山水环绕、风水绝佳，建筑环境恰如其名。山庄创建时，特聘泉州陶匠蔡腾迎制作多彩多姿的交趾陶，以装饰墙面与屋脊，至今大多犹存，使山庄成为台湾保存优良工艺的古宅第。

清代台湾宅第若设门楼，多只是简单式样，但筱云山庄的门楼是一座三开间的两层楼阁，兼具防卫、远眺与风水等多元意义。而且，门楼与迎宾阁都建在东南角的方位，古代认为巽位的高楼或塔主文运，代代皆出文士，果不其然。迎宾阁与藏书室筱云轩遥遥相对，两者之间水萦如带，共同构成一处以泉石山水为主的清雅园林。而园林以三面花圃及水池环绕的筱云轩为核心，展现“以文会友”的精神。水池西侧辟弯曲的水渠，有如流杯渠。山庄主人爱好诗文，仿古造园，必有典故，这可谓台湾古建筑史上唯一的诗人雅集曲水流觞之胜景，其文化价值极高。

筱云山庄布局宏大，结合了居住、休憩、社交、娱乐、读书及修身养性等多元功能。其主体建筑为两落多护龙合院，格局合乎传统的伦理宗法秩序，也与道教、风水及民间习俗相符。其东侧有筱云轩庭园，西侧有半月池及花圃，南侧水道对岸还有日据时期建的花园，北侧原有树林，林泉幽静正可以调剂布局严肃的四合院。而林木与房舍或藏或露，虚中有实，实中有虚，可谓“园中有屋，屋中有园”。

筱云山庄门厅“笃庆堂” 纵剖透视图

穿越门楼，即见与之垂直相交的偌大宅第。这清同治年间台湾中部书香门第的吕家，其建筑在平实中散发着一股书卷文气。第一落略退缩于左右护龙之后，为门厅“笃庆堂”。

本图以剖视法展现门厅之设计特色。入口采用凹寿式，已腾出较宽的步口廊。墙面以交趾陶做出鱼樵耕读与博古花瓶等题材，为1866年（清同治五年）泉州晋江名匠蔡腾迎的作品。这是台湾交趾陶艺术发展史上，有年代落款及作者署名的最早实物，其重要性不言而喻。进入门厅内，左右木板绘以壁画，主题为书法与花卉，书法秀丽，绘画设色典雅，透露出书香门第之气息。屋架为“二通三瓜”，其上的油漆彩画以暖色为主，局部线条施以赭色，在变化中具统一感。这种室内色调与台湾多采用黑色主调的古宅迥然不同。

1- 门厅笃庆堂设凹寿入口，以精美的交趾陶装饰迎接来客

2、3-交趾陶名匠蔡腾迎作品：笃庆堂中门旁壁堵左侧（图3）为“渔樵耕读”，右侧（图2）为“琴棋书画”。其中人物众多，各司所职，形态玲珑可爱，为经典杰作

笃庆堂入口对看墙的顶堵，将名家书法以交趾陶呈现，处处呈现书卷气

1. 中脊梁。
2. “二通三瓜”式栋架。
3. 屏风格扇门，逢红白事才开启。
4. 腰门高为门板之一半，白天关闭时仍可进光通气。
5. 门枕石，也称为门箱，具有固定门框之作用。
6. 对看墙，有博古花瓶题材之交趾陶装饰。
7. 门印，也称为门簪，为固定门楣连楹之构件。
8. 中门右侧壁堵有名家所作的琴棋书画之交趾陶装饰。

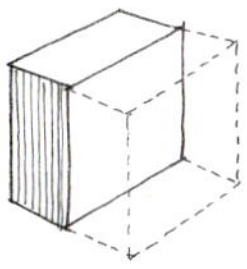

纵剖二分之一式

筱云山庄正厅“五常堂” 纵剖透视图

筱云山庄宅第的第二落为正厅所在，其外虽未悬匾，但祖宗神龛上却有“五常堂”之小匾额，也呼应门厅正面蔡氏交趾陶匠师所题之“晋水一经堂造于五常堂之所”。

本图为正厅五常堂的剖面透视图，可见屋架桁木较密，采用十一架栋架，前檐口以两跳斗拱支承出檐，厅堂之内则用七架穿斗式屋架，中脊下方竖立“将军柱”。左右板壁分为四扇，刚好容纳条幅书法与水墨画，配合得恰到好处。室内色彩原为深色，后来涂布青色，显得明亮而清新，但墙上的对联、诗词、字画应仍为原貌。神龛柱联题“五位同居曰富曰寿不外箕畴五福，常行大道为孝为恭敢忘庭训常规”，落款“甲申年”，即1884年（清光绪十年），为房屋落成十八年后所置。

1– 正厅五常堂外观朴实，门楣上未见有匾额，但室内木作精致
2– 五常堂神龛前的格扇窗及横批窗等小木作极为精致
3– 五常堂内左右墙面以书画彩绘装饰，再次展现吕家之重视文风

1. 穿斗式栋架，采用“方筒开鼻”。
2. 神龛内供奉祖先牌位。
3. 顶桌。
4. 下桌。
5. 门扇向内缩，形成双凹寿式入口。
6. 檐柱上用两跳斗拱。
7. 门楣之上安置横披窗，可使空气对流。
8. 灯梁为六角形断面。
9. 将军柱。

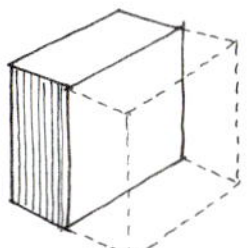

纵剖二分之一式

台中 | 摘星山庄

石雕、木雕、砖雕、交趾陶及彩画皆精的大宅第，彩画出自鹿港名师之手。

年代：1871年（清同治十年）创建
地址：台中市潭子区潭富路二段88号
方位：坐北朝南

清末同治、光绪年间，台湾中部出现了几座精美大宅第，它们的共同点是采用二落多护龙格局，巽方建二层门楼，门前辟水池，砖工精致且有交趾陶装饰，同时也出现了台湾本土彩绘匠师——鹿港郭新林之作品，弥足珍贵。

“山庄”是士大夫阶级在郊野所修筑的豪宅，以山庄为名，可一窥想要远离喧嚣的都市生活，在乡间开辟块净土的意念，“筱云山庄”和“摘星山庄”均为其中典型。但偏僻郊野面临着如何防御的问题，因此除建造大宅外，还要筑起高耸的铳楼和围墙，并顺势导引溪水，兼为灌溉与围成宅第四周的护城河，营造整体的防御体系。此中代表案例即为摘星山庄。

山庄创建者林其中虽是武官，然富有文采。摘星山庄的名字令人神往，应该是出自其门楼的对联“九天星斗焕文章”。另外，门厅墙上彩画中有一副对联题曰“有打瞌睡神仙，无不读书豪杰”，接近白话的用词，足以表明屋主的心志。除了重视意境，摘星山庄的建筑技术与装饰艺术水平也极为高超，它的石雕、木雕、砖雕、交趾陶与彩绘皆为全台民宅之冠。

摘星山庄　全景鸟瞰透视图

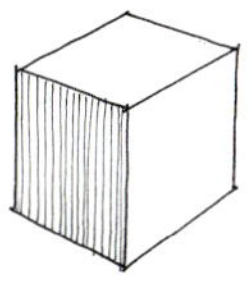

全景鸟瞰式

本图可见中轴线上的两进院落，中央天井以墙分隔为三，使亲疏有别，公私分明。门厅前凿水池为镜，宅第背后也有圈背形的“化胎”。外门楼置于东南方的巽位，按风水理论，东南方可纳吉祥之气。

1. 门楼与厅堂呈斜角。
2. 半月池象征“前水为镜”。
3. 门厅。
4. 正堂。
5. 屋后以卵石筑成坡坎，象征“后山为枕”，也称为“化胎”。
6. 天井以两道围墙划分出私密空间。
7. 内护龙。
8. 外护龙。

1- 门厅为凹寿式，有价值极高的石雕、交趾陶等工艺装饰

2、3- 门厅凹寿步口左右身堵的“八仙带骑”（八仙及其坐骑）交趾陶，色彩至今仍鲜艳夺目

因战功卓越而兴旺的家族

清乾隆年间，福建漳州诏安的林氏移居至台，先从事农垦，后来兼营商业，此为台湾早期移民发展的主要模式。原先这些移民的生活相当单纯，但同治初年爆发的太平天国运动成为改变移民未来的转折点。在雾峰的林文察率兵响应官军对付太平军的同时，骁勇善战的林其中亦跟随林文察到漳州，在一连串的战事中表现杰出，建立奇功，被授予“二品顶戴昭勇将军”的荣衔。此外，清廷又赠予林其中多项权力和大量土地，使其家族跃为地方上的富户大族。

林其中衣锦还乡后大兴土木，于 1871 年（清同治十年）动土兴建摘星山庄，光绪初年落成，所用建材之精、做工之美，为清末台湾民居所罕见。

风水与艺术并存的传统合院

摘星山庄布局工整，包含前后两落，左右各有两列护龙。按照中国传统风水之说，“坎山离向”（坐北朝南），大门出巽门（东南），是非常好的安排。门楼原为两层，但民间有风水禁忌之说“门楼高于厅，三代不出丁”，因而将门楼的二楼拆除。山庄前水池的水经宅的后面和侧面流过来，宅后设有水井，是依风水理论而规划的。而宅前地砖排出八卦图形，也是源自风水之说和《易经》理论。

1– 正堂面宽三间，中央为轻盈的木作三关六扇，左右为厚实的砖石墙面

2– 正堂左右次间墙面的裙堵上有细致的砖雕作品

3– 合院的内天井以墙分隔内外，以保护使用者的隐私

4– 宅第背后的“化胎”，象征建筑生命从土壤中萌芽、茁壮成长，其形式有如椅子的靠背

1– 彩绘布满室内壁面，有书有画，显示主人的风雅

2– 门厅有最具意趣的对联“有打瞌睡神仙，无不读书豪杰”中间郭振声绘的《郭子仪单骑赴会》，人物神色姿态绝妙

3– 正堂前廊的木构件施以精美雕刻，与彩绘完美搭配

摘星山庄的大木结构和细木作，以及石雕、交趾陶工艺，多为大陆匠师的作品。但最了不起的部分，却是宅内随处可见的彩画，可能是台湾本土知名匠师初试啼声之作，其中可见用尺画成的界画，有居家和乐场面；另有西洋时钟的图形，也反映了同治、光绪年间西洋文化融入民间生活的面貌。

这些彩画乃堪称“台湾第一代”最优秀的鹿港郭派之作品，见于墙板之壁画落款者有郭友梅（号春江）、郭振声等。郭氏的作品除摘星山庄之外，目前还存留于台中神冈筱云山庄、社口林宅大夫第和彰化永靖余三馆等名宅。不过，此处保存的彩绘数量丰富、作者可考且画工精美，确为台湾地区所罕见，具有极高的艺术价值。

台中丨大甲梁宅

台中大甲梁宅的方位及配置与摘星山庄相似，但两者的内护龙设计截然不同，可相互比较。

梁宅前厅大门之横额“梅镜传芳”源于故乡福建的梁氏宗祠，其典故来自南宋状元梁克家，而后厅“瑞莲堂”之名为泉州凤坡村内之地名，亦渊源自梁克家在福建晋江读书之所。梁氏开台祖梁比美自泉州凤坡村来台，与妻黄幼努力奋斗，成为大甲地方的大户人家。梁宅 1914 年落成，位于大安溪南面的冲积平原上，东北方背倚铁砧山，宅前设水池，引水界气，形成“前水为镜，后山为屏”的良好风水。全域平面呈长八角形的龟壳状，反映出趋吉避凶的思想。

大甲梁宅全区鸟瞰图　将大甲梁宅的配置一览无余，整座宅第平面原为“两进四护龙”格局，东边最外侧护龙为创建十余年后因人口增加而增建的。正身坐东北朝西南，为“艮山坤向”，符合阳宅的最佳朝向。第一进与第二进皆为五开间，三间见光。内护龙作三开间，外护龙则区隔成七开间。第一进步口廊作“双凹寿”，为泉州地区民宅特有的做法。正身中央五开间的后墙向后凸出，象征垫后，有祖先庇荫后代子孙的意象。

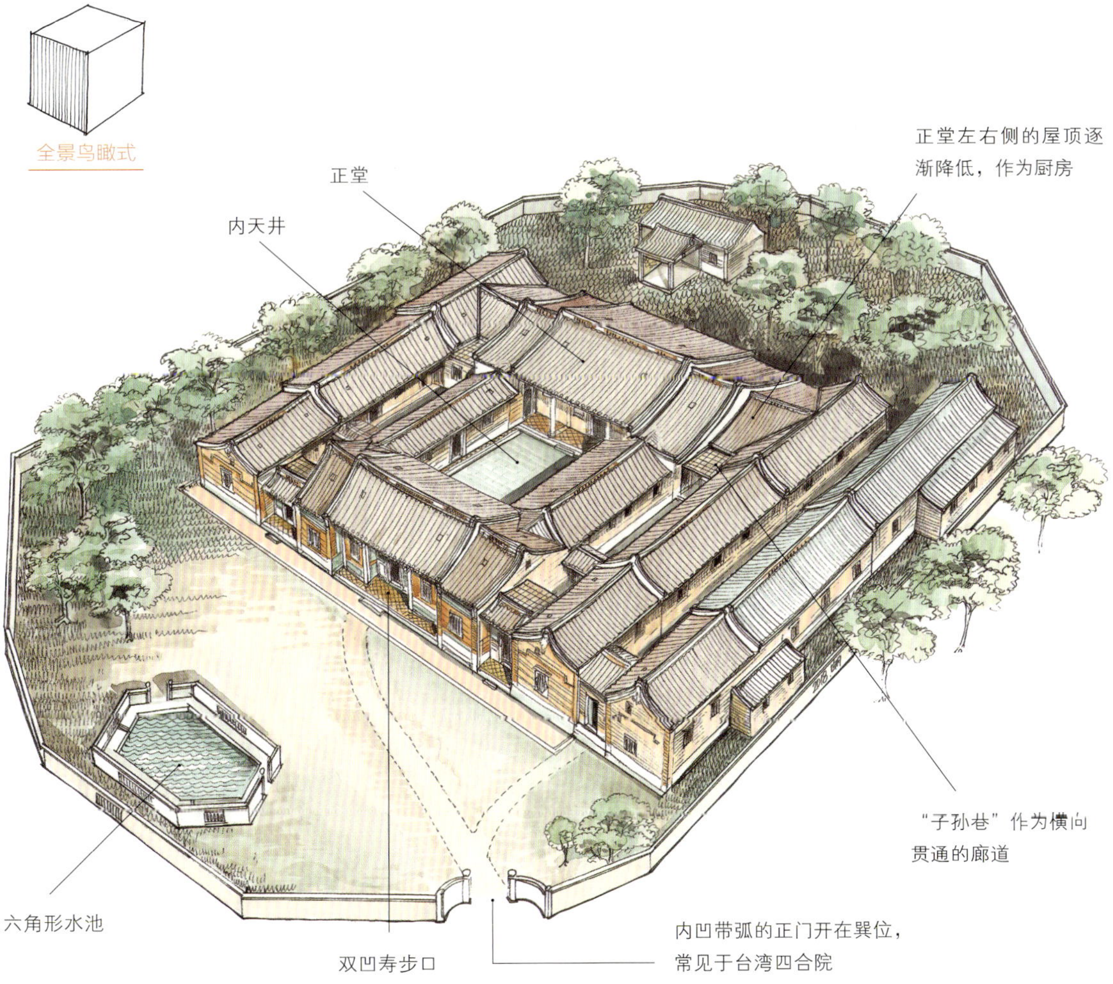

宅第

台中 | 雾峰林家大花厅戏台

台中 | 雾峰林家大花厅戏台

位于宴客厅之前的福州建筑风格大戏台，以藻井与水缸加强共鸣效果。

年代：清光绪初年创建
地址：台中市雾峰区民生路28号（下厝）
方位：坐东朝西

台湾中部的雾峰林家是台湾历史上极为显赫的世家。在清代同治、光绪年间，家族中有多人得到军功及科举方面之殊荣，可谓文武双全的望族，林文察、林朝栋之军功事迹为台湾历史的重要部分。林家也非常热心公益事务，例如建造育婴堂、接济贫困家庭、致力兴学、提振民风、倡导中国诗歌文学等。1911 年，梁启超受林献堂之邀，前来台中雾峰，成为艺文雅事。

清光绪初年，雾峰林家的权势到达高峰，他们在大宅第“宫保第”南侧建起一座大花厅，即用来接待达官贵人的客厅。其内有一座戏台，构造精巧，经常举办娱乐活动，用来娱人自娱、团结族人，为台湾最著名的古建筑之一。此为台湾现存唯一的清代官绅宅第附属大戏台，建筑极为考究典雅，以藻井与水缸增强戏曲演出时的扩音效果，左右看棚为两层楼，戏台乃台湾罕见的福州风格建筑。曾遭地震损毁，后依考证复原。

雾峰林家大花厅戏台　解构式剖视图

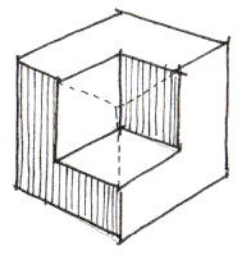

纵平剖八分之一式

本图将戏台的一半屋顶及柱子拿掉，既可了解福州式的藻井与檐口向上的弯桷构造，亦可使出将门、入相门及精雕的太师屏从原有的暗处跳出。保留一边的看戏棚，以便呈现演出者与观赏者的空间关系。

1. 八角转圆形藻井，分为上下两层。上层犹如覆钵，象征天盖，用曲梁构造，称为“阳马”。
2. 出将门，演员由此出场。
3. 太师屏，为戏台背屏。
4. 入相门，演员由此退入后台，门框以飞罩装饰。
5. 文场，为担任丝竹箫瑟之乐师席。
6. 月洞门，为观众入场之门。
7. 雕以螭龙吞脚装饰之垂柱。
8. 戏台为了产生共鸣效果，常在屋顶下做藻井，舞台下可置几个大水缸，也有扩音作用。
9. 戏台边缘的矮栏。
10. 武场，为锣鼓点乐师席。
11. 角叶，常见于福州式建筑，兼具保护角梁与装饰功能。
12. 卷草脊饰。
13. 二楼看棚，观众的包厢席。

雾峰林家　全景鸟瞰透视图

雾峰林家在动乱中崛起，渐渐成为台湾中部最具影响力的大族。家族势力达顶峰时，乃在阿罩雾营建宏大的宅第，并且分为顶厝、下厝两组建筑，以及东南方著名的“莱园”。其格局宏大，建筑有漳州、泉州、福州及“和洋混合风”等多元风格，规模冠于全台。

本图为空中鸟瞰构图，可窥见雾峰林家的全局。宅第坐东朝西，北部两组院落为“顶厝”，南部五组院落为“下厝”。顶厝、下厝的建筑在1999年“九二一”大地震时受重创，经数年整修才恢复大部分原貌。其中，宫保第面宽十一间，为全台之冠。而曾是诗社吟咏胜地的“莱园”，现仍保存着一座五桂楼（位于明台高中内）。

1 景薰楼的门楼。
2 蓉镜斋，为顶厝系统中最早建成的建筑，为私塾。
3 颐圃，原为谷仓与客房，后整修成独具一格之和洋混合风建筑，因种植菊花而得此名。
4 草厝，为林宅年代最早的建筑。
5 宫保第。
6 大花厅作为接待宾客之所，建筑采用福州风格，并有戏台。
7 本堂。
8 二十八间。
9 二房厝，供二房族人使用的朴实院落。
10 莱园，是林文钦为孝敬长辈所建。

全景鸟瞰式

雾峰林家顶厝第一落轩亭纵剖透视图
雾峰林宅规模宏大，木结构有漳州、泉州及福州风格，此轩亭显现出泉派大木作的特色

战功彪炳，缔造显赫世族

雾峰林家的开台祖林石，在清中叶从福建漳州渡海来到台湾定居。林石晚年由于林爽文事件而被小人陷害，受到牵累，遭官方捕杀，险被抄家。之后第三代的林甲寅从大里杙（今台中大里）迁到阿罩雾（今台中雾峰）。第四代的林定邦和林奠国两兄弟重起炉灶，经营家族事业。由于经营得宜，家业得以慢慢恢复。

林定邦的儿子林文察亦投入军旅，组织台勇（乡兵），参加清廷平定戴潮春事件及围剿太平军的军事活动。他骁勇善战，立军功，逐渐升至提督，成为清代台籍将领中继王得禄之后，层级最高者之一。林文察的儿子林朝栋，也在后来刘铭传抗法保台之时担任镇守基隆的工作，并立下莫大的功劳，让法军侵台之举无法得逞，此即有名的基隆狮球岭之役。

戴潮春之役是雾峰林家扩充家业的一个重要转机。当时帮助清廷围剿叛军的家族多在平定叛乱之后得到朝廷的奖励和褒扬，林氏在获得清廷赏赐的山林土地与专卖权之后成为巨富，在台中雾峰建造了当时全台规模最大的宅第与园林。

雾峰林家莱园五桂楼与飞觞醉月亭复原图

日据时期五桂楼被改为洋式的砖拱造，“九二一”大地震后重建时，也依洋式建筑予以修复

1– 与戏台相连的三开间门厅，厅内有木梯可登上前台
2– 门厅次间的圆洞门，可通往聆听欣赏的观众席
3– 戏台屋顶翼角如裙摆飞扬，增加了柔美感，下方细巧的木雕成为视觉焦点，这是福州式建筑的特色
4– 戏台顶上的藻井除了美观，也有声乐共鸣的效果
5– 正厅面对戏台，是观赏的最佳位置。二楼看棚则多由女眷使用

20世纪30年代的大花厅戏台

豪门巨宅的缩影

雾峰林宅规模宏大，包括顶厝、下厝及莱园等古典建筑，在台湾建筑史上独具规模，无出其右者；论建筑之精美，亦属上乘之作。顶厝多出文士，例如中举的林文钦，领导台湾文化协会的林献堂；下厝多出武人，如林文察、林文明与林朝栋等。下厝部分属于林文察这一系，其中宫保第及大花厅兼具官衙与宴客厅的公共建筑功能，所以气派讲究，花厅内的精美戏台更显出豪门的丰厚财力及生活样貌。

戏台平面近正方形，紧连在一座巨大的门厅之后。人从左右两旁的圆洞门出入，而演员则自中央登木梯上舞台。台上有精雕细琢之太师屏，屏左右有“出将门”与“入相门”。戏台上覆歇山顶，并有八角转圆形的藻井，有聚音效果。戏台后的左右两侧为文武场，供伴奏乐师使用。乐师席高于舞台，可以清楚看到演员举手投足之动作。戏台前方左右为两层楼看棚，即观众席位，可同时容纳百余人观赏戏曲演出。这是台湾较罕见的有两层楼看棚的大戏台。

彰化 | 马兴陈益源大厝

多护龙格局的官绅大宅，主体为七间包三间的罕见格局。

年代：1846年（清道光二十六年）创建
地址：彰化县秀水乡马兴村益源巷4号
方位：坐北朝南

位于彰化平原稻田中的益源大厝是清代台湾乡绅大宅第之典型，家族出身商人、行伍，胼手胝足，逐渐晋身为士大夫阶级，这也是台湾中部望族常见的发展历程。马兴陈姓的开台祖陈武，白手起家，经营米和药材营生（一说贩售槟榔），逐渐发达起来。今日陈宅尚保存并供奉着代代相传下来的一根红扁担，它是老祖宗陈武扮演行脚商人到处贩售的实证，先祖筚路蓝缕的精神，由此传承后代不辍。

马兴陈益源大厝的平面独一无二。一般台湾传统民宅的整体格局为单纯的四合院或三合院，但陈益源宅却是由两个三合院构成前后两进，宽阔的院落中建有八座过水亭，而不是常见之外观简易的过水廊。中轴上为敬祖与接待的厅堂，左右长形护龙为族人居所。为了方便平时出入，正面围墙辟出五扇门。大宅虽有许多围墙，但无狭隘之病，在其中纵横行走，不受阻碍。整体空间组织主从分明，气势非凡。

马兴陈益源大厝　全景鸟瞰透视图

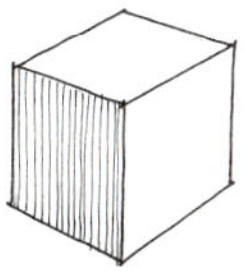

全景鸟瞰式

以鸟瞰构图可窥见面宽达十五间、进深有三落的巨大宅第之完整气势，它是台湾现存面宽最大的宅第。其房间数量也最多，所有房间皆以廊道串联，成为复杂但有序的生活空间。正门前竖立一对象征科举及第的旗杆，诉说着家族辉煌的历史。

1. 外门楼。
2. 旗杆为中科举的象征。
3. 具有燕尾脊的内门楼。
4. 山墙相连，称为牵手规。
5. 公妈厅（祖厅）。
6. 后落七开间后堂，包住前落三开间的祖厅，形成七包三格局。
7. 过水亭夹在护龙之间，作为休息空间。
8. 满月门。
9. 外护龙。

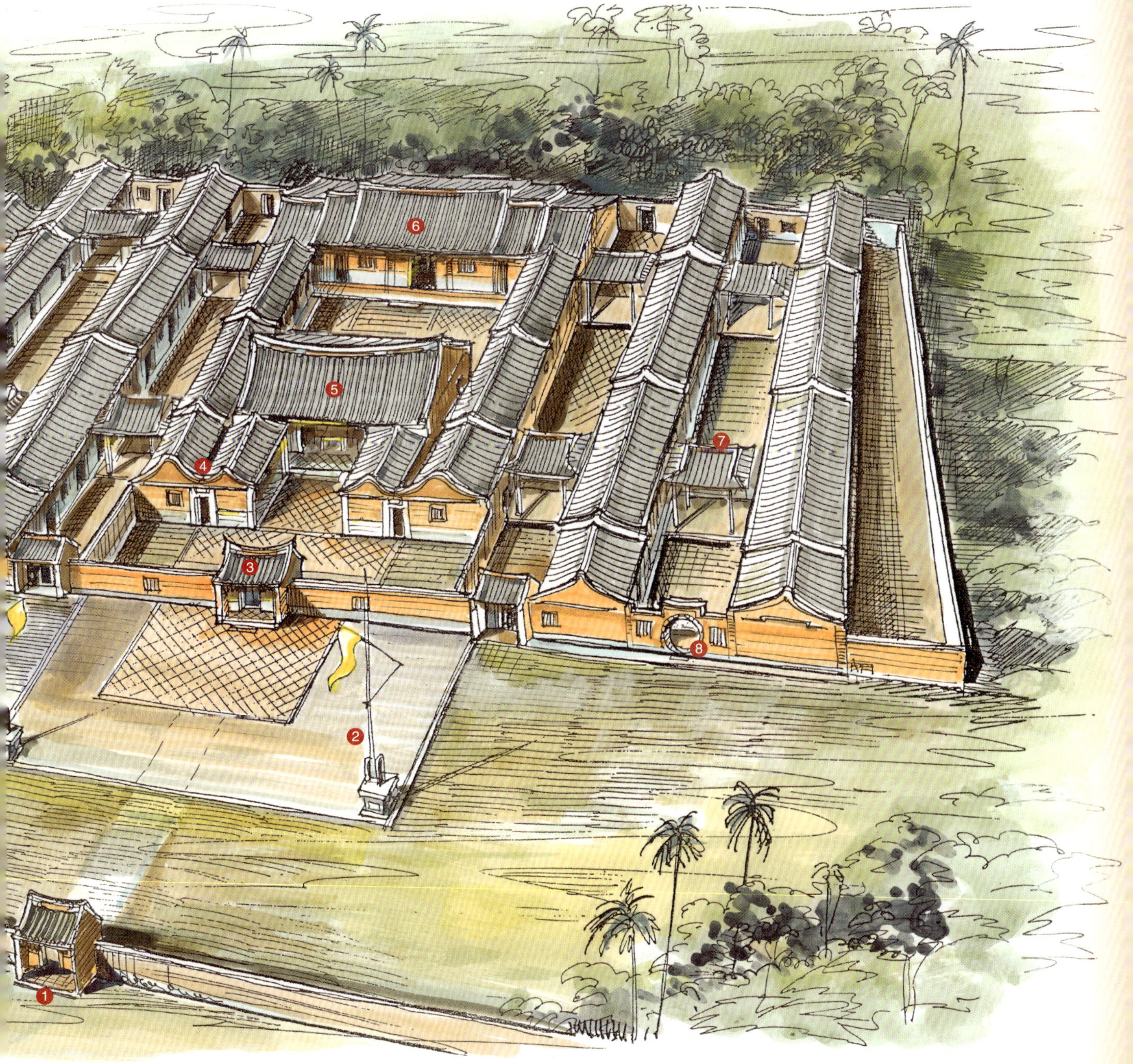

1– 陈益源大厝有两座门楼，此为外门楼，造型朴实。内门楼悬有“文魁”匾，采用燕尾脊
2– 按清代礼制，家族有中举者的宅第前可设置一对旗杆座，以彰显其身份地位，陈益源大厝即台湾民间俗称之“旗杆厝”
3– 进入门楼后的第一进院落可见内圈的小三合院，空间紧凑，相连的山墙曲线优美
4– 正厅内左右壁面以书画装饰，祖先龛位雕刻细腻，其上悬挂四张着清装的祖先画像

有序扩张的大宅第

开台祖陈武来自泉州同安，经商有成。第二代因平定战事有功，家族名望大增，于是 1846 年（清道光二十六年）由长子荣华主持创建益源大厝。后因族人中科举，乃再于 1860 年（清咸丰十年）扩建，并在前院加建门楼，悬挂“文魁”匾，成为前后三落之格局。第三代到第四代之时，住宅规模持续扩大，增建了左右两侧的两排护龙，最外面一排的护龙则是日据时期增建的，于是形成左右共计八个护龙的格局。如此开阔的正面在台湾传统民宅中尤一能出其右。

陈氏家族的人口逐渐增多，规模庞大，因此成立祭祀组织，家族共有陈益源、陈四裕、陈复源、源庆丰堂及谢年丰堂五个堂号。陈宅还设有私塾，延揽名士教育各房子弟，以求取功名。鹿港的文学家、书法家王兰生和王锡聘，就被礼聘为陈家的座上客。

1- 联系正厅与护龙，或各护龙之间的过水亭。建在狭长侧院中的凉亭式过水亭，提供夏日纳凉及作息之所，下可通水，上可遮雨

2- 外护龙间的围墙设满月门，方便进出，也保护居住的安全

三合院套三合院的罕见格局

陈益源宅的整体布局呈中轴对称，以一个七开间的三合院包住一个较小的三开间三合院。小的三合院中央是用来祭祖的空间，即所谓的“公妈厅”，两侧的房间是家族大家长的起居处。而左右护龙的用途，据考证是停轿子用的轿厅，据说一边摆男主人外出代步的轿子，另一边则摆妇孺使用的轿子。

外面的大三合院，两侧护龙有接近二十个房间。最初这里居住着陈荣华的眷属和家族中其他老长辈。大家族在其全盛时期，护龙亦符合“一明二暗”“光厅暗房”之要求，设有厅，充当族人彼此交谈、会客的地方。或许可以推知，虽是大家族阖族而居，但是其中的小家庭仍各有各的私密空间，而房间也各自有专属的小门，可谓公私兼顾。

由于后代子孙数量庞大，家族中用人和仆从的数量自然也多，在陈氏宅第后头建有一些用人的房间，而佃农、工匠和长工的房舍则分布于大宅前院。它们围绕着陈宅四周，尊卑有序。

彰化 | 永靖余三馆

融合闽南与粤东客家建筑之宅第，堂前有轩，左右护龙各自有厅。

年代：1884年（清光绪十年）创建
位置：彰化县永靖乡港西村中山路一段451巷2号
方位：坐西朝东

永靖余三馆为陈姓客家垦户之宅第。陈家祖上为广东潮州饶平客家人，清康熙末年移徙到台湾彰化平原。这里得益于浊水溪和大甲溪的灌溉，适宜种植水稻，他们因而定居下来。当时到彰化定居的还有闽南人，其中漳州人占多数，但他们却常因争夺水源而与同为闽南人的泉州人发生械斗。彰化是闽客两族混居的地带，由于闽南人居多数，使得客家人平常接触的语言多为闽南语，长时间下来，反而会有淡忘其母语的可能，永靖陈家就是一例。

余三馆坐落于平坦的彰化平原，地势上缺乏明显的高低起伏，因此陈氏便在宅第前挖池蓄水，并于宅后方植树造林，营造出防御性屏障。其方位不同于一般的坐北朝南惯习，而是改为坐西朝东。当早晨太阳升起时，阳光便会直接照射至厅堂空间，进而营造出“紫气东来”及“朝迎旭日出，暮送夕阳归”之意境。从风水学来看，可以视为祥瑞的象征。建筑仍然忠实地保存着清代光绪年间原貌，它的木雕、彩绘、泥塑、剪黏装饰及正厅供桌家具皆为初创时原物，具有很高的文物价值。余三馆为台湾名宅。

永靖余三馆　全景鸟瞰透视图

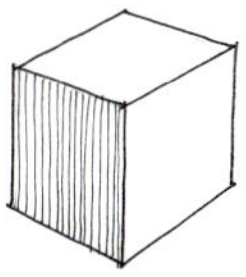

本图可见全景布局。门楼之内仍有一道围墙阻隔，以别内外亲疏。正厅前有歇山顶轩亭，有利于调适炎热多雨的气候。另外，左右护龙本身为独立建筑，屋顶中高旁低，并留设前廊。整座三合院犹如三人对坐，充分展现出儒家伦理空间之高低序位。

1. 门楼为三开间，左右为守更者所用。
2. 外院。
3. 内院。
4. 正堂前置轩亭，有遮阳挡雨之效。
5. 正厅。
6. 子孙巷。
7. 护龙屋顶中高旁低，明间设厅，形成三厅相向布局。
8. 外护龙比内护龙长。

1- 内庭为生活主要空间，正堂前带轩亭；护龙中央设独立的三开间，中间是开敞明亮的厅堂，左右是私密性强的幽暗房间，一般称为“一明两暗”或“光厅暗房”

2- 正身前步口有宽窄的变化，以幽暗的子孙巷与两旁的护龙相连

3- 轩亭栋架与正堂前步口相连，增加结构的稳固性。此处斗拱也极为精美

4- 正堂内的书画及彩绘艺术水平极高

5- 窗扇上的仕女图，不管是发饰、服装，还是姿态、神情等，表现细腻动人

正堂内悬有“创垂堂”匾，以及少见的“贡元”及“进士”的执事牌

大时代下的家族宿命

清同治年间，台湾发生漳州人戴潮春抗清事件。彰化因为土地肥沃、人文荟萃，成为兵家必争之地。陈家族长陈义芳在这一连串动乱中，对于稳定家族及安抚地方局势发挥了一定作用，得到朝廷的犒赏。清同治年间，陈有光由捐纳获得“贡元”荣衔，在父祖留下来的基础上，于 1884 年（清光绪十年）将住宅予以扩建，取名“创垂堂”，成为今日所见的建筑规模。所谓“创垂”，就是继承父祖的福泽而予以发扬光大。

虽然清朝时陈家在稳定地方局势中扮演了重要角色，却在日本侵占台湾后，面临过难以抉择的处境。当时由北白川宫能久亲王率领的日军登陆澳底之后，与台湾义军缠斗数月，终于抵达彰化，但在八卦山区遇到顽强抵抗。日军受了重创，而能久亲王也受伤。于是，日军强迫陈家让能久亲王进驻休养，几天之后继续南进，最终延至台南伤重病亡。值得注意的是，陈宅正因这段机缘，在长达五十年的日据时期受到殖民当局的庇护，得以维持全貌至今。

门楼面宽三间，增添宅第的气势

同时流露闽客建筑的风采

余三馆是传统三合院，但有许多特色值得一说。首先，它有独立的三开间门楼，两侧设有房间，遇有骚动则安排壮丁住在里头，担任看门和守卫的工作；墙壁也设防卫用的铳孔，在承平时期则多作为摆放农具和一般用具的贮藏室。另外，整座宅第有内外两层围墙保护，宅第的内护龙以矮墙围出正堂前的内庭，这种双重围墙的安排在台湾民宅中也算特别。内护龙呈左右对称，而且都设有“厅”，为“一明两暗”形式。一般台湾民宅，只有正堂才设置独立的厅，两侧护龙顶多只有左右对称而已。

正堂前带轩亭的做法亦为其显著的特点。这座歇山式的轩亭由四根木柱支撑，木结构精良，具有调节空间微气候的作用。值得注意的是，即使陈有光获得功名，轩亭的屋脊仍为平实的形式。

余三馆外护龙较内护龙长，一直伸展到外墙边，使外院较内院宽大许多。这种平面的来源，一说是来自粤东，其祖坟上所刻的祖籍饶平等广东的地名可佐证；一谓来自彰化南部鹿港的闽南人。彰化员林以南浊水溪北岸平原地区原为客家人所开辟，但在鹿港的闽南人进入之后，客家人反而渐渐为闽南人所同化。由于受闽南人同化的关系，宅第建筑多少也受到闽南民宅的影响。

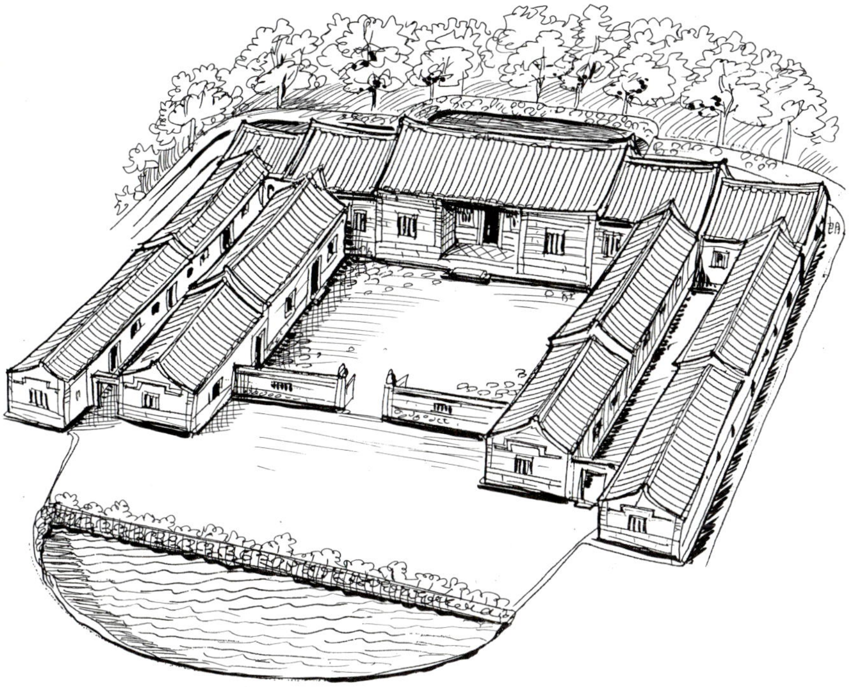

台湾南北客家民居格局比较示意图

台湾北部（上图）与南部（下图）的客家民居，均可见外护龙比内护龙长的做法

澎湖民居

正厅前建有一座亭子的做法，在台湾有明显地域性，通常与适应气候有关。除了中部的永靖余三馆，澎湖是最常看到此种配置的地区。

澎湖在台湾海峡中间，早在明代就有漳泉移民垦拓，人们主要从事渔业，因此曾被取名为渔翁岛。渔村的建筑以寺庙与小型民居为多，因农产不盛，所以居民不需要晒谷的院子，平面紧凑、格局小巧的三合院就成为澎湖民居的首选。澎湖典型的“正身带左右护龙”的民居，墙体多用硓𥑮石（即珊瑚礁灰岩），屋顶坡度较平缓，可有效防风，而且正厅前常建有骑在左右护龙墙上的亭子，特称为“搭亭”或“后亭”。

澎湖民居室内格局剖视图 掀开一半屋顶，可以清楚看到一厅六房的组合。其中护龙局部作为厨房，墙壁开口下置水缸。另外，厅前利用墙体而建的凸出的小亭，具有遮挡烈日之作用，亭下为妇女做家事之所。

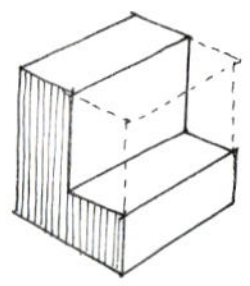

纵平剖四分之一式

澎湖民居纵剖透视图 以纵剖方式从中间剖开正身与搭亭，可以看到俗称“师公翘”的围墙门楼，以及天井的露天阶梯、厨房水缸、搭亭、子孙巷与正厅等设施。搭亭屋顶无柱支撑，是架在护龙墙上。搭亭采用偶数梁架，而正厅用奇数梁架，阴阳并陈，刚柔并济，反映出民间习俗理念。值得注意的是，澎湖风大，所以屋顶较低，坡度也较缓。虽然如此，墙壁的装饰，如花窗、彩画，仍很丰富。

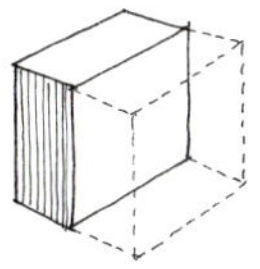

寺庙

新北 | 淡水鄞山寺

闽西汀州客家移民所建佛寺，最完整保存清道光初年原貌之古建筑。

年代：1822年（清道光二年）创建
地址：新北市淡水区邓公路15号
方位：坐东朝西

鄞山寺供奉汀州移民的守护神定光古佛，这体现的是宋代高僧圆寂之后，被奉为佛的信仰。定光古佛原为北宋泉州同安之高僧，长期在福建汀州弘法，在世时因屡现神迹，得乡人敬重，以至闽西有许多信徒。1015 年（宋大中祥符八年）坐化后，汀州人建寺供奉，于是后世在汀州移民地区亦可见定光佛寺，如台湾的彰化与淡水。

与台湾各地的闽南人寺庙相比，鄞山寺由于信徒相对少，香火不盛，寺庙大动土木翻修的机会较少，反而保存了移民的原创味道，殊为难得，是台湾寺庙史上价值极高的作品。其正殿栋架所用通梁肥硕，瓜筒造型饱满，呈现着闽西之风格；神房内供奉的定光古佛像，除头部外，身体可活动，被称为软身佛，全台罕见。

淡水鄞山寺正殿　纵剖透视图

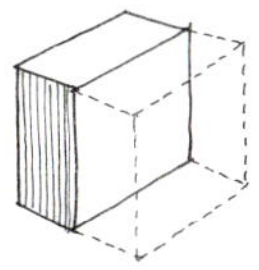

纵剖二分之一式

本图将正殿从中间剖切，可见其内部构造。前后立五柱；前檐用卷棚，象征拜亭；架内用“三通五瓜”式；台基前御路不施龙雕，而石龙柱属清中叶的雄浑风格，皆大台北地区少见也。

❶ 卷棚顶与屋顶之间设有暗厝。
❷ “三通五瓜”式的栋架。
❸ 重叠的“一斗三升”是较古老的做法。
❹ 神房内供奉软身的定光古佛像。
❺ 御路也称为斜魁，常见于尊贵的殿堂前。
❻ 吊筒前出龙首，为客家及潮州地区常见做法。
❼ 清中叶风格的石雕龙柱。

从高处拍摄鄞山寺，可见两殿两廊两护龙的建筑格局，形制方正严谨

汀州人专属的定光古佛寺

福建汀州的客家人移居台湾的数量较少，但是在清代仍有一些汀州府永定县人进入台北盆地及淡水河流域垦拓，他们建造了五股西云寺及淡水鄞山寺。这些建筑具有少数移民建筑的特色。

淡水鄞山寺之寺名，来自闽西长汀与上杭的鄞江。汀州永定人出入常依靠鄞江，其下游汇入韩江，可以自潮汕出海。淡水为台湾北部港口，汀州人出入台北亦自淡水上岸，故1822年（清道光二年）张鸣岗在淡水倡建鄞山寺，带来了家乡定光古佛的信仰，并有罗姓兄弟捐地，今天寺中供桌上仍可见张鸣岗父亲张英才捐献之落款。鄞山寺前殿石柱上有道光三年（1823年）的落款，但正殿却出现道光二十三年（1843年）落款之石柱，可证明建后不久曾有修葺。

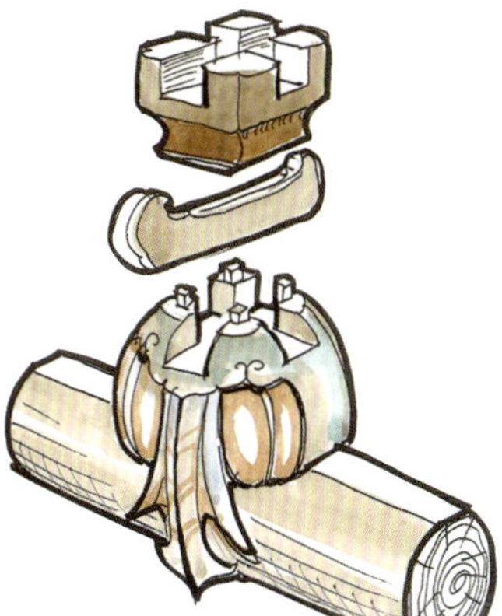

淡水鄞山寺瓜筒构造分析图
通梁壮硕、瓜筒饱满，上置瓜头串及斗拱，为鄞山寺木栋架的特色

淡水鄞山寺正殿龙柱细部构造图
可见龙柱保持着清道光年间原创的石雕风格

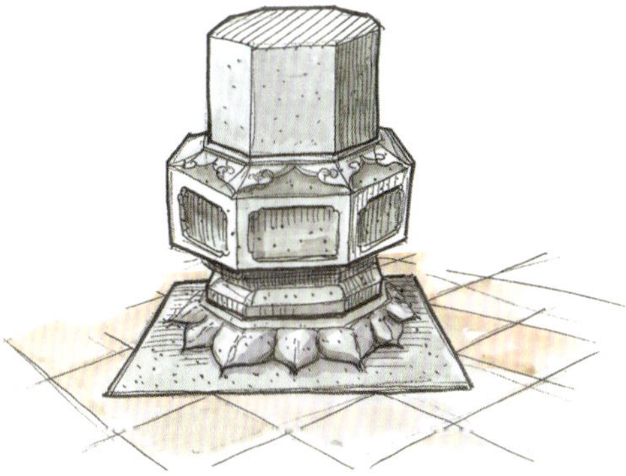

淡水鄞山寺柱础构造图
覆莲式的磉石较少见

闽西移民建筑的特色

鄞山寺位于淡水东郊，背山面溪。其布局为“两殿两廊两护龙”，前有半月池为镜，后有弧形“化胎”，并以山为屏，反映风水理论格局，显露出客家地区建筑特色。而前殿与正殿的栋架用料饱满，均具闽西风格。值得注意的是，大部分石材呈青灰色，部分可能来自福建，但也有部分采用淡水附近的安山岩，反映出 19 世纪初建材逐渐本土化之现象。

进入前殿步口廊，即见左右龙虎垛（对看墙）上的降龙与伏虎禅师泥塑，预告了鄞山寺是主祀定光古佛的寺庙。正殿所供奉的定光古佛为宋朝高僧崇拜风俗影响下的民间信仰，佛像不像印度佛，而是得道高僧圆寂后转化成佛，故面容酷似一般百姓，极为亲切。为了“渡海护驾”方便，佛像采用竹编身体的“软身”做法，使重量减轻。

淡水鄞山寺前殿　纵剖透视图

鄞山寺创建于两百年前，仍然保存着清道光初年的建筑原貌。它石构与木构上的雕饰适度，既不会太简单，也不会太花哨，反映了清代中期台湾庙宇建筑艺术的审美标准。本图为前殿剖视图，可见朴拙的抱鼓石与蟠龙柱，以及正面浑厚粗犷的螭龙团炉石窗，处处表现出汀州移民来台垦拓筚路蓝缕的气质。步口廊的龙虎垛装饰有降龙与伏虎禅师浮雕，似为呼应定光古佛为民除害神迹，栩栩如生，为难得之杰作。

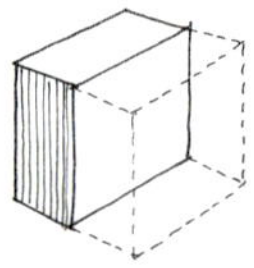

纵剖二分之一式

1– 降龙禅师泥塑
2– 伏虎禅师泥塑

淡水鄞山寺前殿石构造分解图
可见抱鼓石后尾承托石门柱

❶ 鸡舌。
❷ 造型浑圆的“趖瓜筒”，又称为金瓜筒。
❸ 台湾匠师口中的“二通三瓜”式栋架。
❹ 步口通梁伸出吊筒外，末端雕龙头，为汀州风格。
❺ 螺纹抱鼓石。
❻ 螭龙团炉石窗。
❼ 道光时期的龙柱，雕琢精炼。
❽ 竖材，可封闭吊筒外侧的卯口。
❾ 排楼连拱，在宋《营造法式》中称为“襻间”，系运用层层相叠的弯枋与斗拱，编组成面状构造。
❿ 石门楣。

鄞山寺前殿及正殿的屋脊燕尾起翘曲线非常优美。建筑尊卑有别，正殿高出左右护龙甚多

延伸观察

新竹丨北埔慈天宫

北埔慈天宫与淡水鄞山寺同为客家族群主导修建的寺庙，而且格局相同，两者可互为比较。

北埔位于新竹东部山区，清道光年间客家人与闽南人倡议组成“金广福”垦号（清代向官府承领垦照的土地开发者，以独资或合资的方式成立），有组织地进入山区，逐渐与早期住民泰雅人发生冲突。北埔出现主祀观音菩萨的寺庙，配祀妈祖、五谷先帝、文昌帝君、三山国王、三官大帝、注生娘娘与福德正神等神明，反映出移民的组成，以及他们对心灵慰藉的迫切。

慈天宫背山面街，是北埔最主要的守护庙宇。它采用两殿两廊两护龙的格局，依山坡而建，后殿背后有弧形“化胎”，前殿面宽五间。因位于内部山区，多就地取材，运用山里的樟木与黄色砂岩建造。其中前殿石雕龙柱的龙首在上、龙尾在下，为他处所罕见。正殿则有浮雕二十四孝故事的石柱，人物姿态生动，亦具有较高的艺术价值。

北埔慈天宫构造名称示意图 采用纵剖透视构图，可见地势步步升高，燕尾朝天昂扬之美。

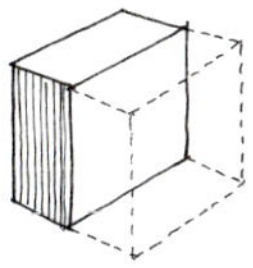

纵剖二分之一式

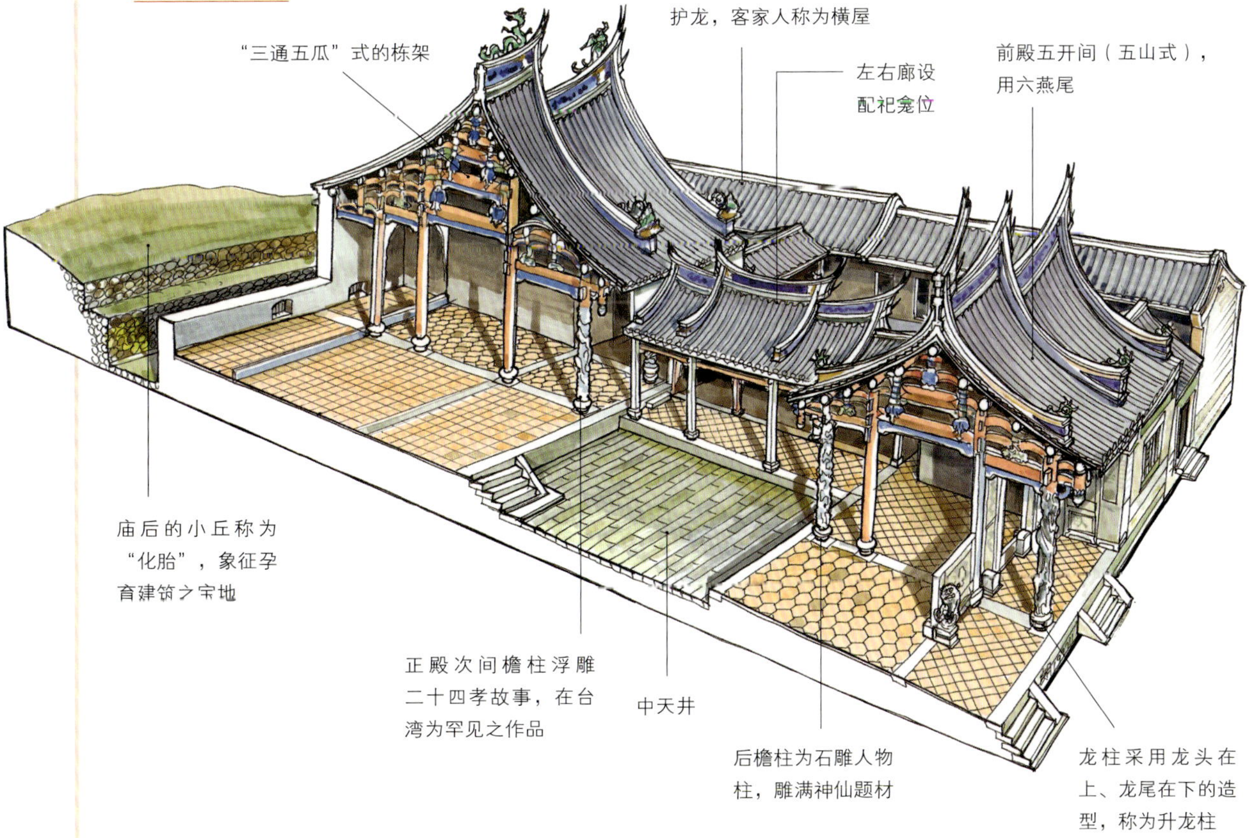

寺庙

台北丨大龙峒保安宫

台北最著名的对场作庙宇，左右均出自名匠师之手，形成雕刻差异较明显的建筑。

年代：1805年（清嘉庆十年）创建
地址：台北市大同区哈密街61号
方位：坐北朝南

保安宫主要供奉保生大帝吴夲。吴夲俗称大道公或吴真人，据传是北宋人，出生于闽南漳州与泉州交界处，四处学医后返回故里悬壶济世，因医术高明，被乡人尊为医神。明代被封为“保生大帝”后，这种原属同安一地的民间崇拜，逐渐盛行于闽南地区。在台湾开拓时期，闽南移民生存不易，水土不服乃寻常事，为了祈福求安，自然引进保生大帝的信仰，全台各地名为保安宫、慈济宫或大道公庙者均属于此信仰。不过，若论建筑价值，以台北大龙峒保安宫为首。

同安人所建的大龙峒保安宫在清代即是大庙，再经过历年的修筑增改，形成面宽十一间、进深三殿，并有左右钟鼓楼的宏伟格局，为三殿式大庙之典范。1917 年大修时，采左右对场修筑，东边为陈应彬，西边为郭塔主持大木工程，为台湾著名的对场寺庙，雕刻各显神通，精致异常。此次修缮，将前殿上檐屋角略缩短，但主体栋架不变，改以重檐歇山假四垂顶，是近代台湾寺庙最高级的做法。

大龙峒保安宫前殿　纵剖透视图

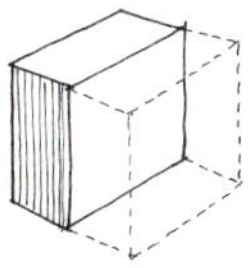

纵剖二分之一式

本图的剖透法，可以清楚呈现前殿的重檐歇山式假四垂屋顶之构造。前步口为三架梁，属阳，下檐占一架，上檐占两架，人们在石狮前可同时看到上下檐。后步口为偶数桁木的卷棚，属阴。阴阳相济，保安宫在建筑上暗合道教之精义。

1. 架内采用“二通三瓜”式栋架，瓜筒奇大无比，斗拱全用螭龙形，曲线丰富。
2. 瓜筒上叠五斗，为升庵式屋顶才有的做法。
3. 巨大的“趖瓜筒”为全台罕见之例。
4. 大通梁。
5. 为强化构造，在大通梁之下加了一根辅助通梁。
6. 看架斗拱（宋《营造法式》中的补间铺作）从排楼伸出，逐层升高，直到顶住桁木。
7. 后步口用卷棚，上方有暗厝，为光线未达之夹层。
8. 水车垛，为充满交趾陶装饰的水平带。
9. 石狮。
10. 石龙柱。
11. 花篮吊筒。
12. 上檐转角柱落在狮座之上。前步口两只狮座不在同一根梁上，确属少见。
13. 水车垛。
14. 前步口为尖顶，上方暗厝较小，而后步口上的暗厝较大。

前殿架内与前后步口进深差距不大，显得栋架特别饱满紧凑

大龙峒保安宫全区纵剖图
保安宫各殿高低错落、尊卑有序、格局恢宏、庄严华丽，堪称台湾大庙之典范

历次修缮成就的建筑艺术殿堂

大龙峒保安宫最初由福建泉州同安籍居民从漳州白礁村慈济宫“分灵”来台，可能清乾隆年间已有一定规模，于 1805 年（清嘉庆十年）大事修建，成为具有前殿、正殿及后殿的三殿式宏伟布局。至 1917 年进行大修，大木由名匠陈应彬与大稻埕的郭塔对场营建，左右两边雕刻相异，传颂为匠界盛事。

为复其旧观，1967 年再次加以修缮。1973 年台南名匠潘丽水为正殿所绘之壁画作品，构图严谨，用色华丽又不失典雅，具有洗练流畅的笔触，可视为潘氏重要代表作。近年保安宫又进行修缮，其修工严谨，材料讲究，达到很高的艺术水平，并于 2003 年获得“联合国教科文组织亚太地区文化遗产保护奖”之荣誉奖。

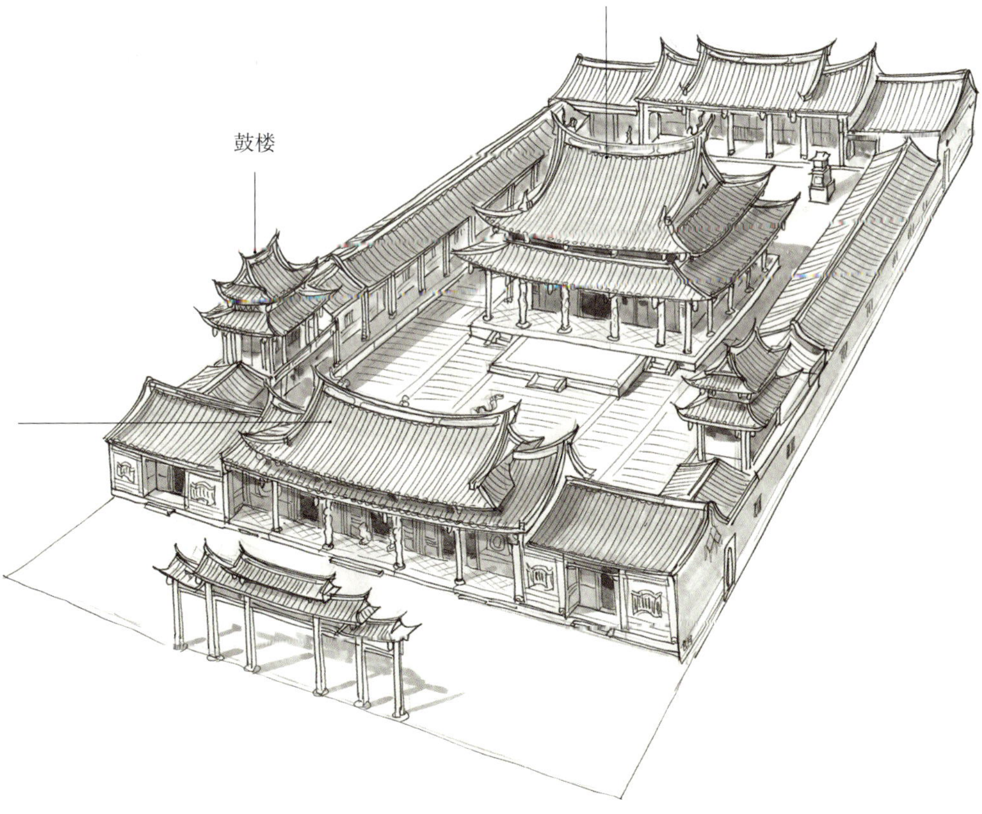

大龙峒保安宫全景鸟瞰图
从牌楼至后殿，保安宫形制完整而严谨

1- 大殿走马廊出檐较深，连带地使屋顶翼角起翘拉高，仿佛鸟张开双翼就要展翅高飞
2- 正殿上下重檐及戗脊、垂脊、燕尾等，线条繁复，却优美而协调，匠师的巧艺展现无遗
3- 正殿内不置藻井，空间反而更显高敞庄严

正殿上檐下的网目斗拱，因是对场之作，左右大不相同，
匠师各显神通，作品各异其趣，的确很吸引人

名匠竞技之传统寺庙

大龙峒保安宫同时拥有清中期嘉庆年间与日据前期的建筑特色，处处可见各时期匠师的各类巧艺。前殿面宽十一间，分为三个部分：中央“六路”为所谓的三川殿，设三门及两个八角石窗，这里还有清嘉庆年间的石龙柱；两翼各有二开间，称为“龙虎门”，屋顶各自独立，形成高低起伏的组合式屋顶。进入殿内抬头一看，寿梁上整排的出挑斗拱，左右分别出自不同匠师，各展各的巧艺。

钟鼓楼有着比例优美的重檐歇山顶，东边的钟楼为陈应彬所建，西边的鼓楼为郭塔所建。虽平面均为四方形，但柱位不同；内部虽都是六架卷棚，不过斗拱、吊筒配置及雕刻细部皆相异。若要一较高下，彬司（对陈应彬的尊称）的设计细腻与繁复度似更胜一筹。这种对场营建的钟鼓楼，可谓台湾孤例。

保安宫正殿外观高大，虽然台基高度显得过低，不过屋顶的曲线较前殿弯曲甚多，屋檐翼角起翘也较高，使庞大的正殿显得较为灵巧。从外观上看，正殿为重檐歇山顶，四平八稳，左右对称，但仔细观察就会发现左右仍有差异。易言之，当 1917 年大木匠师对场大修时，陶匠师洪坤福与陈豆生亦对场修饰，对日后的外观产生了很有趣的影响。我们在上檐的网目斗拱上看到郭塔雕了“假狮破真狮”字眼，较劲意味浓厚。

正殿形制严谨，使用了三十六柱——殿身之内用十六柱，走马廊用二十根柱，属于最高级的殿堂之一。台湾现存最古老的台南孔庙大成殿，用十六柱，四面无走马廊；其次为彰化孔庙大成殿，用三十六柱，四面无走马廊。保安宫正殿在年代上仅次于这两座清初大成殿，在台湾建筑史上的重要价值自不言而喻。

大龙峒保安宫正殿　纵剖透视图

在台湾现存的清代重檐歇山顶大殿中，保安宫正殿是形制严谨且造型厚重之典范。其面宽五间，近深亦五间，内部空间非常高敞，四周环以回廊，俗称四面走马廊，宋代《营造法式》称为“副阶周匝”。它也使用三十六柱，用柱之制与彰化孔庙大成殿及稍后的鹿港龙山寺大殿相同。

其屋架从外观上看，让人以为只是一座标准的十三架屋架，但进入殿内才发现它在架内又置一座卷棚。因此如果从步口走进去，可以感觉二层卷棚逐步升高，体会到由低而高的渐进式变化。另外，室内加卷棚也有巩固力学结构之作用。在此，我们不由得佩服古代的匠师。大殿架内使用“三通五瓜”，用料亦超乎一般寺庙，至为硕大。它虽然没有花哨的藻井，但以浑厚雄健的瓜筒来展现木结构之力学美感，亦是一绝。这些精彩绝伦的设计，都一一呈现在本图之中。

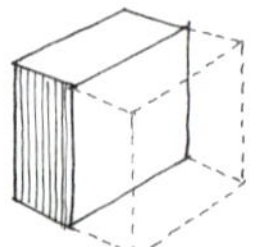

❶ “三通五瓜”式的栋架。
❷ 后排楼斗拱，可强化屋架之稳定性，不致摇动。
❸ 神房之天花板，可遮挡屋顶梁木。
❹ 暗厝。
❺ 下檐，也称为下山，檐下回廊即宋《营造法式》所称之“副阶周匝”。
❻ 四点金柱，为殿内主要的四根大柱。
❼ 1917年重修时之龙柱。
❽ 清代初建时之龙柱。
❾ 柱头斗雕成莲花形。
❿ 网目斗拱左右不同，为对场之结果。
⓫ 上下檐之间设暗厝。
⓬ 在殿身内部又出现卷棚暗厝，为极罕见做法。

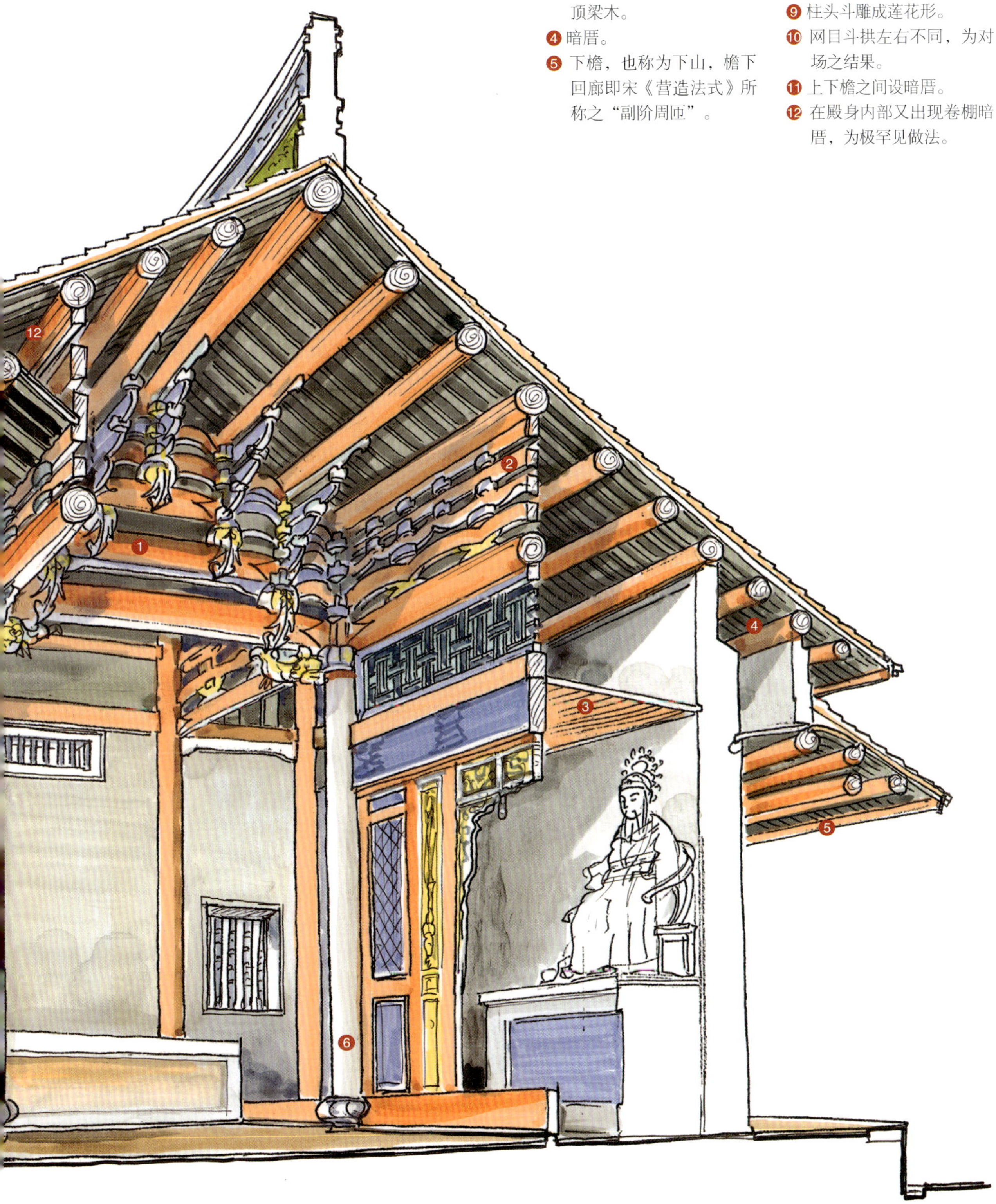

寺庙

台北丨台北孔庙

台湾最后一座传统木构造的孔庙，大成殿有精美藻井，上檐出斜拱为台湾较罕见。

年代：1927年创建

地址：台北市大同区大龙街275号

方位：坐北朝南

孔庙是象征儒家文化的官式建筑，宋时地方政府纷纷建孔庙，至明清发展成熟，县城及府城几乎均会兴建，而且其旁常配置学校，成为庙学合一的格局。明郑时创设的台南孔庙，为台湾此类礼制建筑之始，清代则是台湾孔庙兴建的高峰。清光绪年间，随着台北府城的建置，台北孔庙在大南门内完竣，可惜在日据时期荒废并遭拆除。对于台北士绅而言，这是无法容忍的耻辱，终于在20世纪20年代集众人之力，在大龙峒地区兴建了这台湾最后一座传统形式的木构孔庙。

台北孔庙拥有许多特色，例如棂星门采用重檐歇山顶，有一对石雕龙柱护卫；大成殿前丹墀（又称月台）只设御路，不设石阶；大成殿内有精美的藻井。这些在台南孔庙、彰化孔庙和新竹孔庙是看不到的。还有，照壁上的“万仞宫墙”四字为孔子第七十七代孙孔德成所题，亦属台北孔庙珍贵的文化资产。

台北孔庙　全景鸟瞰透视图

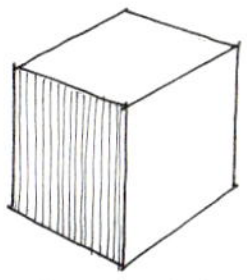

全景鸟瞰式

台北孔庙最初计划为三组建筑，包括明伦堂与武庙，但因经费不足，当时只完成棂星门、仪门、大成殿、东西庑，以及后面的崇圣祠、礼乐器库等，奎阁未实现。至于泮池、万仞宫墙照壁、礼门、义路、黉门皆日后陆续补足之建筑。本图采用鸟瞰式构图，可窥览全局。

1. 万仞宫墙。
2. 黉门。
3. 礼门。
4. 泮池。
5. 棂星门。
6. 仪门。
7. 丹墀。
8. 大成殿。
9. 崇圣祠。
10. 西庑。
11. 东庑。
12. 义路。
13. 泮宫。

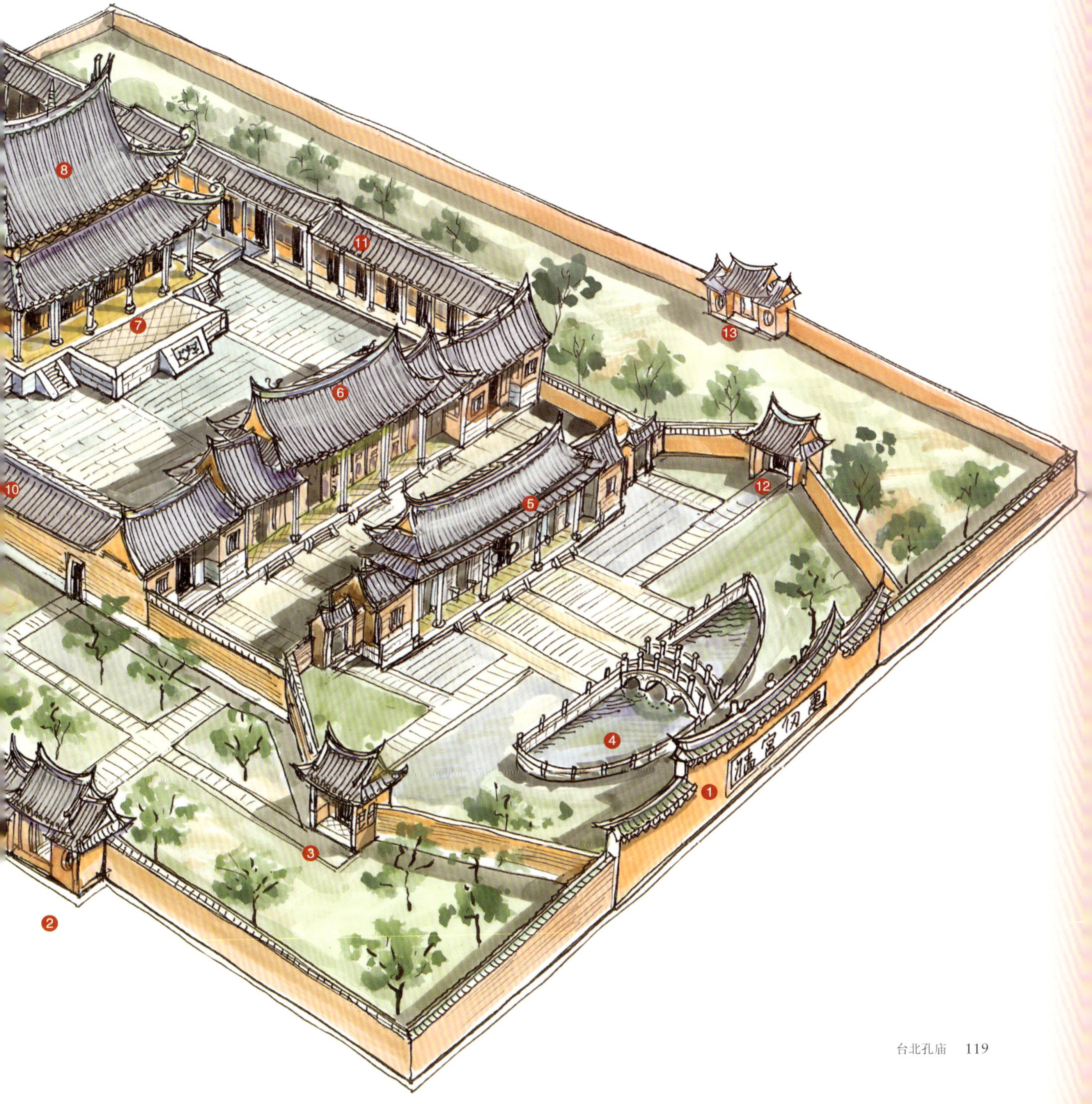

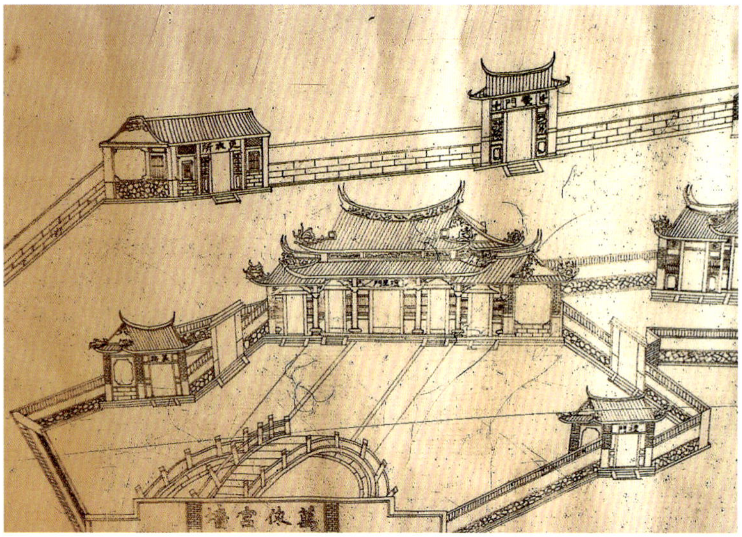

王益顺的台北孔庙设计图稿

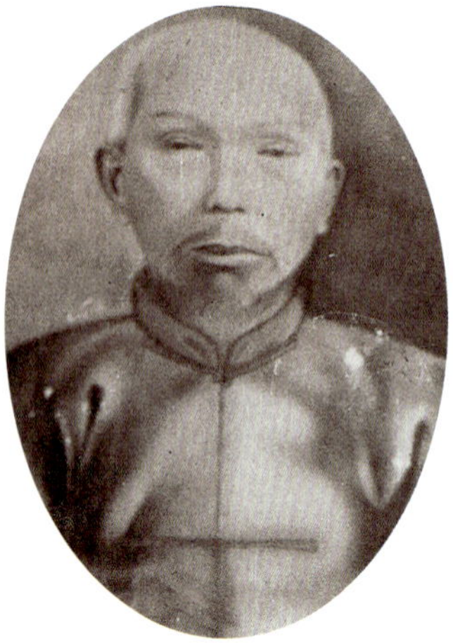

王益顺像

名匠王益顺设计，陈应彬派手下协力完成

1925年前后，台北市“敬圣”士绅发起新建孔子庙。有别于清代官建儒学，辜显荣与地方士绅倡议捐款，而大龙峒陈培根响应捐地，因而孔庙选址于大龙峒，位于保安宫东南方。当时，泉州溪底派大木匠师王益顺刚完成艋舺龙山寺，受辜显荣之邀设计孔庙，1927年年底开工，1929年大成殿竣工，又继续建造仪门。在此期间，王益顺回到厦门建造南普陀寺大悲殿—— 一座八角形的殿堂，造型颇为特殊。

孔庙尚未竣工，王益顺病逝厦门，溪底派的匠人顿失龙头，孔庙的仪门建设又紧锣密鼓，如同箭在弦上。这时主事者商请陈应彬出面支援，彬司乃派次子陈己元赴孔庙帮忙，承建仪门及棂星门。其中仪门采取左右对场营建，由陈己元负责西边，溪底木匠负责东边。今若仔细观察，可见左右的斗拱造型差异甚明显。

台北孔庙大成殿屋脊与通天筒细部图

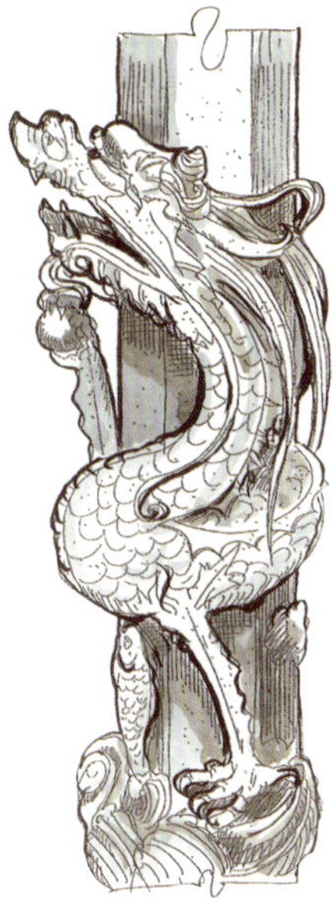

台北孔庙棂星门龙柱透视图

龙身盘绕八角柱两圈，转折有致，气势生动

台北孔庙大成殿正面透视图

大成殿采用重檐歇山顶，外附一圈走马廊

1– 台北孔庙最具特色的建筑——大成殿，于王益顺生前完工
2– 大成殿内的八角藻井，与同为王益顺设计的艋舺龙山寺大殿截然不同
3– 台北孔庙祭孔大典时的盛况，大成殿内依传统礼法安置牲礼祭品，庄严肃穆
4– 祭孔大典时大成殿前的丹墀，由佾生以六行六列排列跳六佾舞

台北孔庙泮桥俯视图

在已无及第状元的年代，台北孔庙还是遵循古制，于泮池上建泮桥

别出心裁的孔庙建筑

台北孔庙的设计者王益顺采用了许多创新的做法，如棂星门不做牌楼式，反而是一座进深三间的殿宇，正面全用砖石构造；它的角梁搭在门楣之上，并无柱子承接后尾，属于变通的技术。

大成殿的特色在于平面接近正方形，立在石造台基上。殿宇面宽五间、进深六间，通宽近 20 米，通深近 18 米，用柱四十二根。殿内中央安置八角藻井，共有二十四组斗拱集向中心。藻井旁边的天花板为罕见的架在木栏杆之上的斜棂式。另外，上檐使用台湾极罕见的“斜拱”，自柱头以 45 度角斜向出挑，并以横拱连接左右，成为共构组合，这是极高明的技巧。较奇异的是上檐翼角的吊筒居然不做悬空，而是直接落在下檐脊上，有如短柱。

陈己元负责的仪门西边，所用螭虎拱传承自漳派彬司重用曲线的特色，在一组斗拱中使用正向和反向的螭虎头，以吸引人的目光。王益顺在台湾建庙的十二年中，只有台北孔庙的仪门是与陈应彬合作的作品，并且属于左右对场之作。对于这两位分别代表泉派与漳派风格的寺庙建筑者而言，这也是他们一生中仅有的技艺之交集。

台北孔庙大成殿　解构式剖面透视图

这是泉州溪底派大木匠师王益顺亲自完成的巨大建筑，本图可见大成殿集中展现了多种古建筑构造之特色，值得我们细加欣赏。殿内的四点金柱并非正方形分布，需用梁上斗拱出挑略作调整才能框成正方形。从正方井的每边出两支斗拱，逐渐升高，才能构成正八角藻井。前后设斜棂天花与平顶天花，前者升高，并围以一圈栏杆，有如阁楼的楼井，实际上有利于屋顶之通风透气，在传统建筑中是极具独创性的做法。

大成殿外廊采用四架卷棚顶，前面的栋架繁复，立有白菜柱头的龙柱一对，这是受西方柱式影响的时代产物。除了正面装木格扇外，其余三面悉为高大的砖墙，墙顶围以水车垛，布满交趾陶装饰，述说着古老的圣贤故事。孔庙虽为文庙，但其精美的做工可媲美道教寺庙的艺术水平。

❶ 中脊桁。
❷ 藻井（结网）最上方的顶心明镜板。
❸ 孔子牌位上方用平顶天花。
❹ 花罩。
❺ 石龙柱。
❻ 白菜柱头。
❼ 狮座。
❽ 卷棚。
❾ 暗厝位于卷棚之上，无法见到。
❿ 斜椽天花留出许多空隙，可以透气。
⓫ 计心斗拱出横拱，承托天花。
⓬ 草架，为藻井或天花板之上不外露的栋架。

纵剖二分之一式

寺庙

台北 | 陈德星堂

台湾漳派名匠陈应彬继北港朝天宫之后所改建的陈氏家庙。

年代：1892年（清光绪十八年）创建，1912年重建
地址：台北市大同区宁夏路27号
方位：坐东北朝西南

传统社会中，兴旺的大家族多会兴建祠堂，祠堂具有告慰祖先、传承家训、维系族人及彰显家族社会地位等多种功能。陈氏乃台北地区之大姓，发展历史久远。大龙峒举人陈维英地位显赫，先在自宅陈悦记祖宅供奉陈氏祖先，陈氏后人于清光绪年间登高一呼，倡议兴建陈氏家庙，并依传统以“德星”为堂号。

陈德星堂原建于台北府城内，正殿为台湾所知年代较早的左右对场造建筑。但日本人侵台后，欲在其址建总督府，所以陈德星堂被迫迁至大稻埕重建。重建后的布局属于“两殿两廊两护龙”之形式，面宽七间，由著名大木匠师陈应彬设计督造。建筑左右对称，大门设于宗祠之东南角，为台湾典型之中型寺庙宗祠平面配置。

陈德星堂　全景鸟瞰透视图

本图可见陈德星堂主要建筑紧密相连，作为门面的前殿样式最为华丽。其前有大庭院，庭院前尚有小花园及照壁，花园中布置假山及小桥水池。整座建筑虽坐落于市区尘嚣中，但环境幽静。

1. 照壁。
2. 山水庭园。
3. 门楼。
4. 陈应彬所设计建造的前殿，采用重檐歇山假四垂屋顶。
5. 左右廊。
6. 正殿自台北府城内移来，为早期的左右对场造建筑。
7. 左护龙。
8. 右护龙。

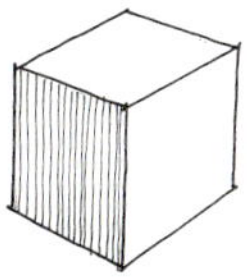

全景鸟瞰式

陈应彬像

1- 陈德星堂前殿精彩华丽，是漳派名匠陈应彬的代表作之一

2- 陈德星堂的殿、廊及护龙连接紧凑，正殿后种有大树，目前为幼儿园之儿童游乐运动场

3- 正殿内高悬“汉唐柱石”匾，为日据时期台湾总督佐久间左马太所书

由台北城内迁至城外

陈德星堂1892年（清光绪十八年）初建于台北府城内，当时为三殿式平面布局，除了前殿、正殿外，尚有后殿。由于没有详细的地图和照片保存下来，我们无法探知原本三殿式布局的形态。但现在正殿后院仍保留部分石材，据传即为后殿的原始石材。

祠堂本来位于城中心处，后来日本人征用其旧址，以陆军用地（即今址）置换，陈德星堂被迫迁建，于壬子年（1912年）由台湾名匠、漳州派大木匠师陈应彬设计承建。他设计的前殿，继承了北港朝天宫的重檐歇山假四垂屋顶形式，而“一柱双龙”之石柱为台湾首见，影响了后来的许多庙宇。

陈德星堂内的锡制仙人灯座

陈德星堂正殿剖视图

可见桁木密集及“三通五瓜”式的架内栋架。
因为是宗祠，后方有一个巨大的神龛，以便容纳众多的牌位

殿、廊及护龙连接紧凑

经实地测量，陈德星堂的方位为坐东北朝西南，可能与在城内时相同或相近。平面配置有两殿，即前殿（三川殿）及正殿，以及左右两廊和左右护龙，比原始格局少了后殿，推测可能与交换的土地面积不足或经费有限相关。

前殿面宽三间、进深三间，前面留出步口廊。正殿面宽亦为三间，进深五间，前面设卷棚顶步口廊，后部容纳巨大的神龛。最值得注意的是正殿后墙辟中门，可自后院进入。推测在台北城内时，正殿左右次间应无神龛，可以经由后墙中门进入后院及后殿。自从迁建至现址后，因神龛空间不足，才将次间填满。

两殿之间以廊道围住中庭，廊道未设隔离墙，使得中庭视野开敞。左右两侧护龙与中轴上的正殿及三川殿，由八个过水廊相连。常见的是前后左右各设一个过水廊，中间过水廊通常设在正殿前步口廊两侧，而陈德星堂在两廊与护龙之间再加一歇山顶的敞廊，这使得在两殿与护龙之间行走更为方便，不受天雨之影响。

陈德星堂前殿假四垂屋顶　掀顶解构式剖视图

寺庙屋顶的形式从简单变为复杂，增加许多装饰物，加强天际线上下起伏之变化，乃台湾寺庙建筑发展史的规律。由于庙宇前殿关乎人们靠近时的第一印象，至19世纪末，匠师在设计上着力更多，屋顶更加复杂。

本图掀开前殿的全部瓦顶，可以清楚呈现所有的木构件。“假四垂”是将一个歇山式屋顶骑在硬山式屋顶上，构造非常复杂。上檐角柱与下檐柱并不对齐，而是落在狮座上，侧坡前后不贯通，如此可形成十五脊屋顶。

1. 明间中脊梁。
2. 次间中脊梁。
3. 角梁。
4. 瓶形斗支撑角梁头。
5. 串角吊筒。
6. 骑梁柱承接角梁及翼角飞檐之重量。
7. 上檐角柱落在下檐步口通梁狮座之上。
8. 瓶形斗。
9. 檐口桁也称为箭口楹。
10. 桷木（椽子）架在次间桁木之上。
11. 次间中梁插入明间瓜筒背后。
12. 上檐背面可不施雕琢。
13. 明间正脊。

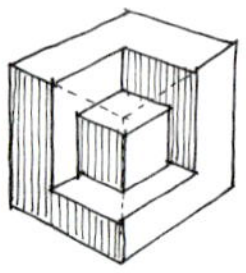
如意剖式

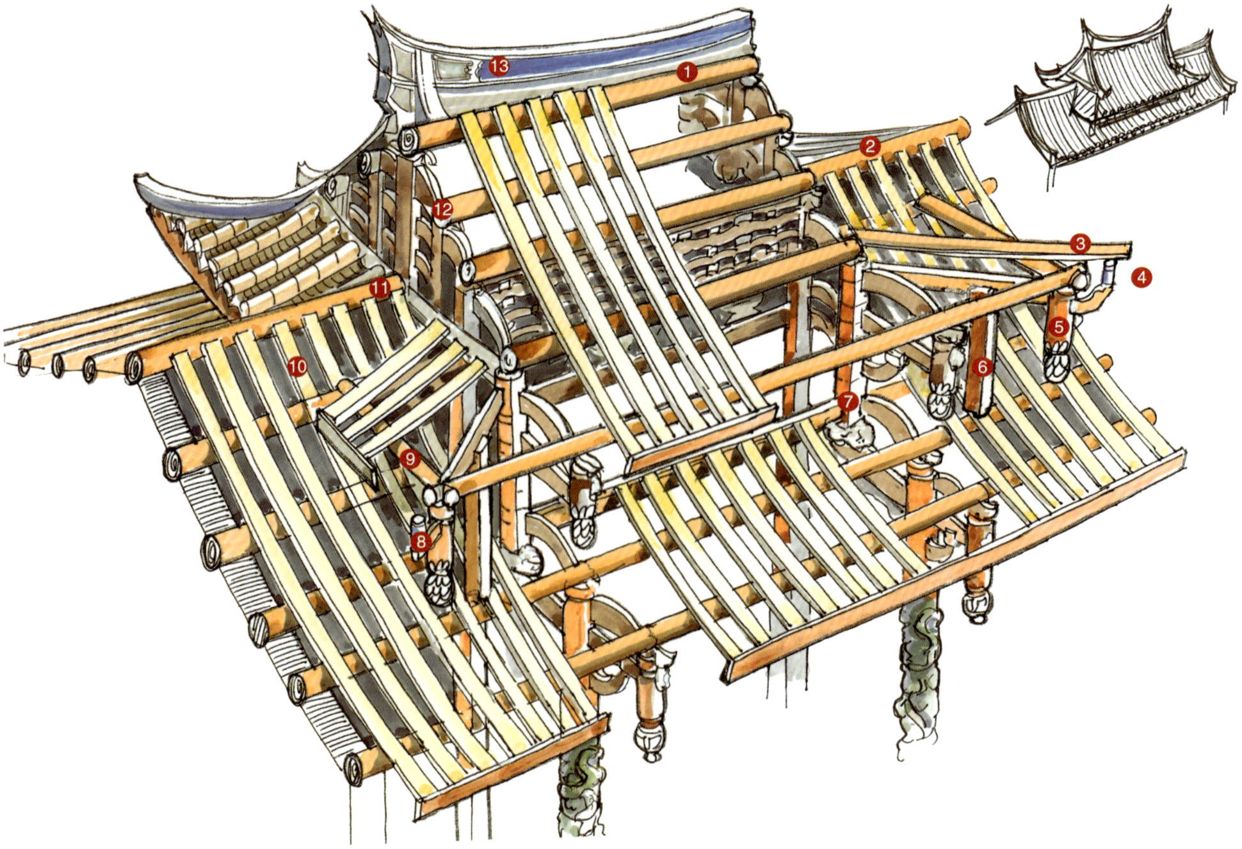

陈德星堂前殿　纵剖透视图

陈德星堂前殿是著名匠师陈应彬继北港朝天宫之后所建，其栋架及屋顶形式与朝天宫相似。本图将前殿纵切，以一消点透视绘成，结构特色一览无余。架内采用“二通三瓜”式，上檐角柱落在“步口通梁”的狮座之上。木匠界认为，这种模式较“软”，具备抗震能力。站在步口石狮处抬头看，可同时看到下檐与上檐，这是陈应彬派假四垂屋顶的明显特征。

1. 架内采用“二通三瓜”栋架，以便形成重檐式屋顶。
2. 假四垂顶之上檐。
3. 下檐。
4. 上檐转角柱落在狮座上。
5. 后檐柱。
6. 后金柱。
7. “一柱双龙”石柱为台湾最早之实例。
8. 步口通梁。
9. 前后步口上檐与下檐之间不置暗厝，比较利于通风采光。
10. 排楼五弯连拱。

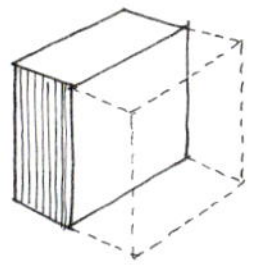

纵剖二分之一式

延伸观察

宜兰丨郑氏家庙

宜兰郑氏家庙虽然比陈德星堂构造简洁，但亦具漳派建筑特色，可以与后者比较。郑氏家庙原位于宜兰市圣后街，后因改建新庙而将正殿构件拆除，移建于冬山河畔的传统艺术中心内，主体大木结构仍多为原物。

宜兰郑氏家庙正殿纵剖图（下图） 以纵剖的角度，可见梁架具有以下重要特征：桁木较为密集，梁柱多用方形断面，多用童柱，少用瓜筒，屋顶坡度也较陡，等等。

宜兰郑氏家庙正殿鸟瞰剖视图（对页图） 拿掉部分屋顶及墙体，以鸟瞰图呈现。两图并列使建筑构造无所遁形。

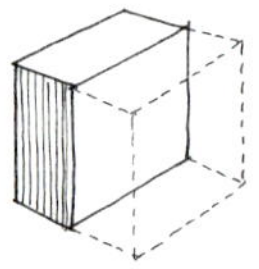
纵剖二分之一式

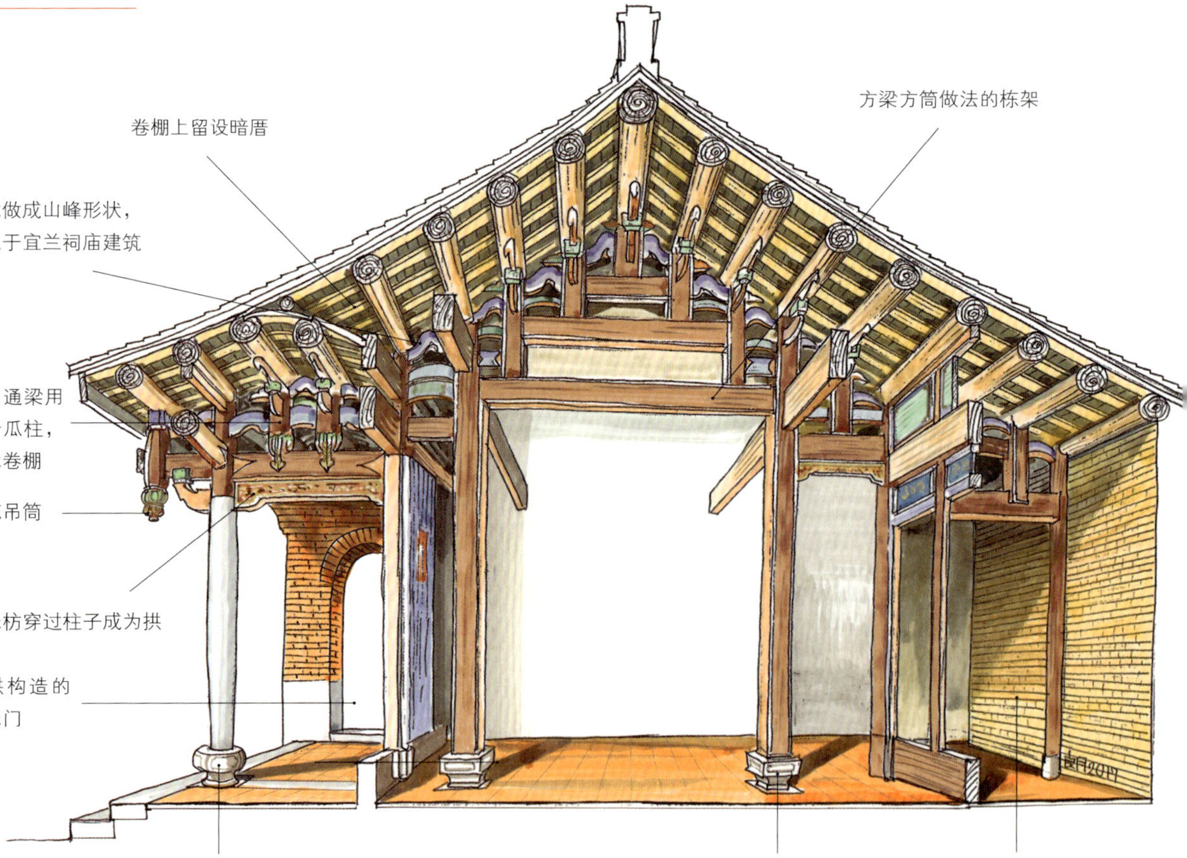

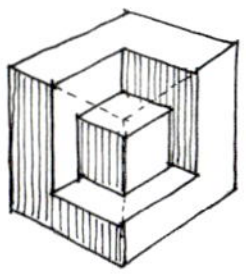

如意剖式

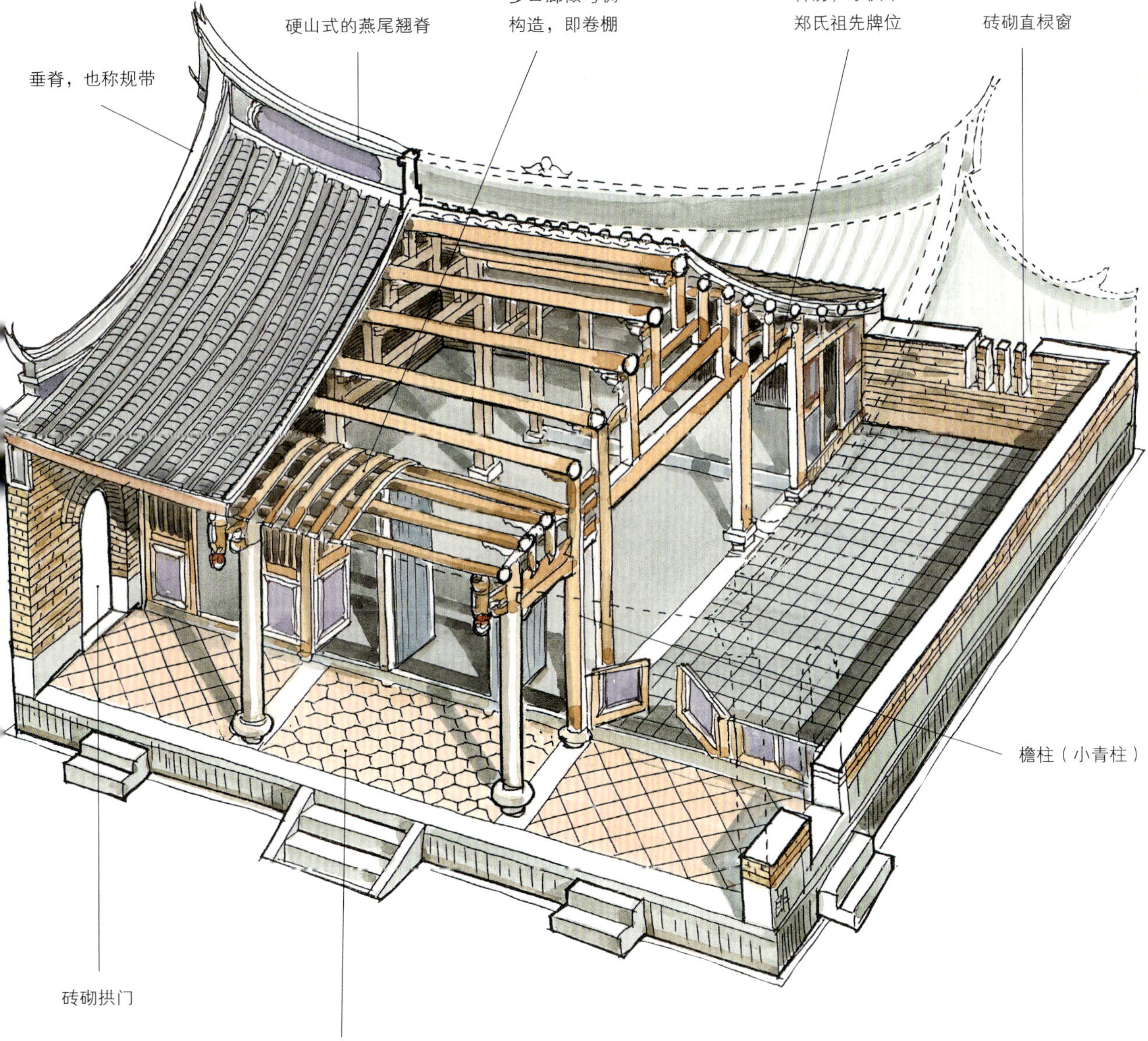

步口廊做弯桷
构造，即卷棚
硬山式的燕尾翘脊
神房，原供奉
郑氏祖先牌位
砖砌直棂窗
垂脊，也称规带
檐柱（小青柱）
砖砌拱门
六角形地砖，有如
龟甲，象征长寿

寺庙

台北 | 艋舺龙山寺

1919 年进行过大改建的台北艋舺佛寺，乃溪底派名匠王益顺来台督造之第一座建筑。

年代：1738年（清乾隆三年）创建，1919年改建
地址：台北市万华区广州街211号
方位：坐北朝南

台湾的龙山寺大都源自泉州安海龙山寺，主祀观世音菩萨，艋舺龙山寺亦不例外。它是台北城市发展史的忠实见证，捐资修建者以泉州移民为主，现在的建筑出自泉州惠安名匠王益顺之设计。大改建后的建筑技巧变化多样，引进许多匠心独运的特殊做法，各殿各具特色，其螺旋式藻井、网目斗拱及平闇天花在当时是首次出现于台湾，堪称杰作，对 20 世纪 20 年代之后的台湾寺庙建筑产生了深远影响，成为其他庙宇模仿的对象。

龙山寺的三川殿（前殿）完整保留着匠师原创的拿手之作，其殿内中港间（明间）的四点金柱并非正方形分布，因此另架两根大梁构成方井，方井四隅加“抹角梁”形成八角井，以二十四组斗拱层层出挑，齐聚顶心明镜。每组斗拱皆出斜拱，构成如花卉绽开的图案。小港间（次间）的做法像在梁上伸出两跳斗拱，支撑平顶天花板。为促进屋顶通气，平顶中央用斜棂，这种做法可追溯至宋代。而身为全寺核心的正殿——大雄宝殿，采用重檐歇山顶，巍峨耸立于中庭之内。

艋舺龙山寺三川殿　仰视全景剖视图

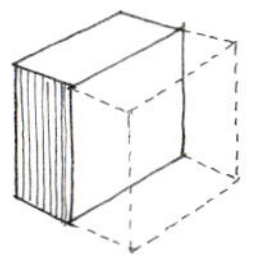

纵剖二分之一式

本图采用纵剖仰视角度，可同时看到三川殿中央三开间的建筑奥秘，将其精彩之处呈现无遗。而且，前殿梁柱构成的矩形框有如画框，恰好将正殿的形象容纳在内，此亦是龙山寺空间设计上的妙处。

❶ 顶心明镜为藻井最上面的盖板，象征天。
❷ 八角井框。
❸ 梁上架抹角梁，形成八角井。
❹ 草架，为不施雕琢的梁架。
❺ 排楼连拱。
❻ 大通梁之上出计心斗拱支撑天花板。
❼ 计心斗拱具有横拱。
❽ 斜椽天花板有通气之效。
❾ 平闇天花板以斗拱支撑，并非吊架。
❿ 正殿，又称大雄宝殿。

1–三川殿集传统建筑艺术特色于一身，有精致的檐下斗拱、吊筒、雀替等，有细腻的石雕，更有全台仅有的铜铸龙柱

2–全台仅有的铜铸龙柱，位于三川殿前檐，由著名的陶匠洪坤福塑坯，李禄星铸造

见证台湾寺庙演变的代表作

艋舺龙山寺创建于1738年（清乾隆三年），捐建者除了泉州三邑（晋江、南安、惠安）人与“下郊”（又称“夏郊”，指清代专往厦门地区开展贸易之商会）商行外，尚有“北郊”（指清代专往福州、江浙开展贸易之商会）人士参与。初建时正殿供奉观音菩萨，后殿供奉天后、文昌及关帝神像，是故其格局可能为三殿式，这是清代台湾中型寺庙之典型布局。

据文献记载，1815年（清嘉庆二十年）及1867年（清同治六年）艋舺龙山寺均有修缮。中日甲午战争后，日本殖民者多将台湾寺庙用作临时办公室或学校，艋舺龙山寺亦未能幸免。1919年，由于距前次修缮已经历五十二年，又遭动乱与充作他用，难免有蚁蚀之害及丹青剥落的危机。在当时住持福智和尚及地方头人的奔走下，协议募款改建，重新邀聘许多来自福建泉州的匠师设计建造，拆去大部分旧殿，并将清代三川殿的单檐屋顶改为重檐式，加高了屋顶，现貌即为此次大修之结果。在台湾众多寺庙中，艋舺龙山寺的形制变迁具有典型性与代表性。

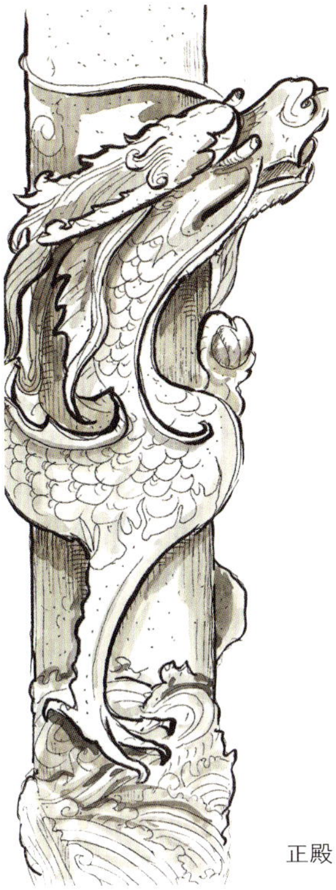

三川殿后檐石龙柱细部图
强调凸出与凹入的对比，将层次表现出来，为来自惠安的石作匠师蒋氏兄弟的代表作

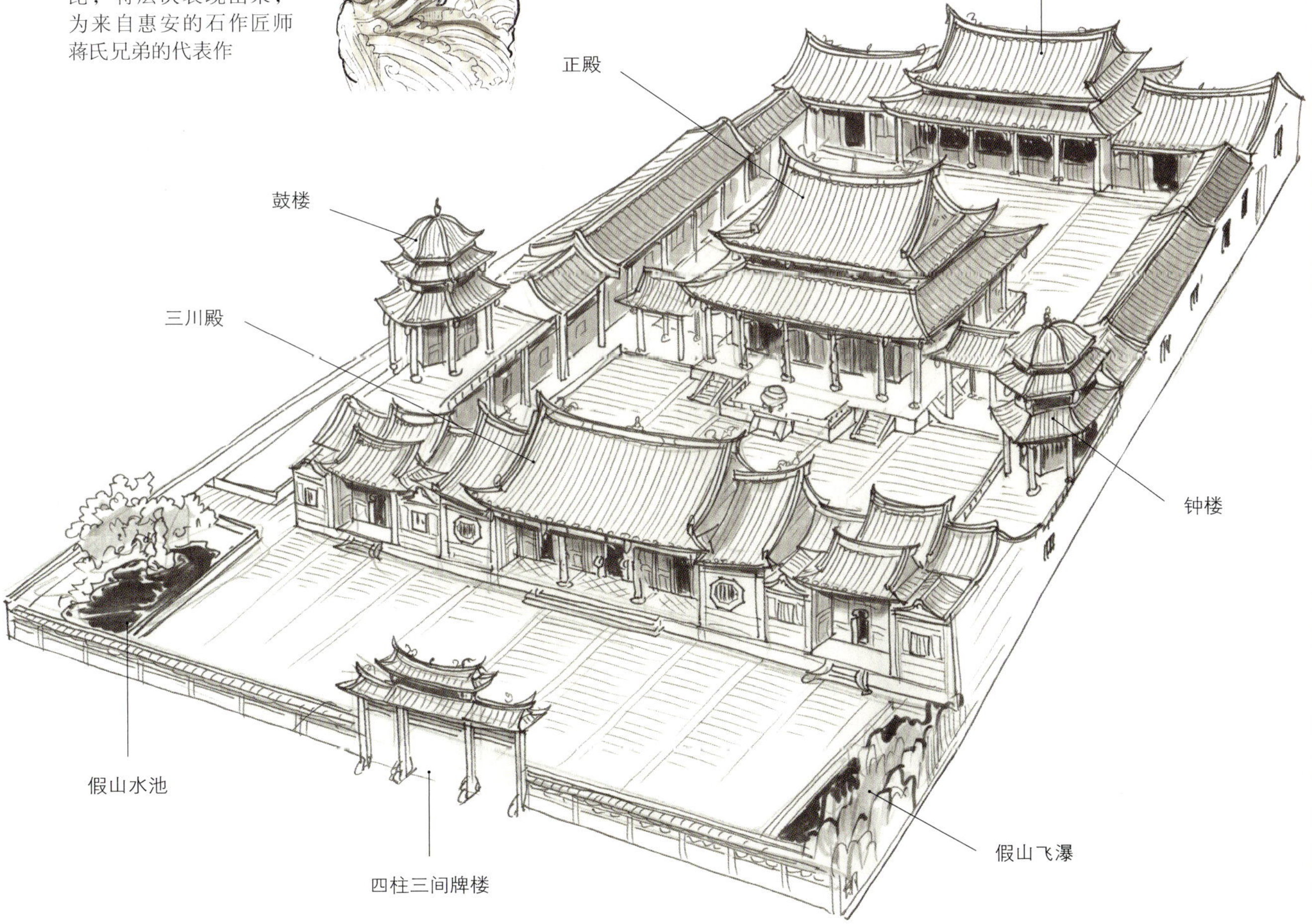

艋舺龙山寺全景鸟瞰透视图
龙山寺的形制在台湾寺庙中具有代表性，与忠义行天宫及台北保安宫一样，同属面宽十一间、进深三殿及立有左右钟鼓楼的格局

艋舺龙山寺正殿为独立式建筑，四周有可绕行一圈的走马廊，即回廊，宋《营造方式》中称之为“副阶周匝”

面宽十一间、进深三殿的格局

一般寺庙由于早期神像并不高大，信徒来源限于地方性范围，故平面很少采用多重院落之布局。在 1919 年艋舺龙山寺大改建之前，其面宽仅为三间，前后依次为三川门、正殿及后殿，左右各置护龙。经过近代改建及增修，艋舺龙山寺成为面宽十一间、进深三殿、左右配钟鼓楼之形制。

三川殿屋顶为“牌楼升檐式”，重檐歇山顶，栋架是立柱未直达顶部的“殿堂式”，中央的三间向上升，形成屋脊交错组合之效果。东西两侧的“龙虎门”之屋顶各如一座独立完整之小庙，为“厅堂式”栋架，属于宋《营造法式》所谓之“彻上露明造”；凹寿门上附有卷棚小屋顶。

1–钟鼓楼的平面呈六角形，屋顶有三重，造型有如轿顶，屋脊为S形，称为“轿斗圆”
2–钟楼内部的六角形藻井

进入中庭，大殿映入眼帘，而高耸的钟鼓楼分峙左右两侧，四周的屋顶连接成抑扬顿挫、婉转起伏之天际线，这是合院式寺庙最具特色之处。大殿被拱立于全寺之核心，又称正殿或大雄宝殿，为重檐歇山式屋顶，其面宽五间、进深六间，四面设走马廊，其栋架属典型之“殿堂造”，殿内明间置藻井，左右次间为平顶，四面走马廊为卷棚顶。

后殿总面宽十一间，进深只有三间，亦属“厅堂式”栋架。以山墙分隔成三组屋顶，中为重檐歇山顶，两翼配殿屋顶下降为单檐硬山顶。栋架类型较简单。其左右护龙连接着东西两廊，将龙山寺包围成封闭的区域。

艋舺龙山寺后殿　纵剖透视图

后殿供奉民间信仰与道教神祇，包括妈祖、水仙尊王、注生娘娘、文昌帝君与关帝等神明。中间的“武荣妈祖”，是由泉州南安（雅称武荣）移民所供奉。当年大改建时，后殿亦由溪底派名匠王益顺督造。

后殿面宽五间、进深三间，但用柱甚高，殿内空间高敞。在翼角方面较具特色，角梁并非45度，因而使屋顶之前后坡较陡，左右坡较缓。这种栋架，充分反映了溪底派大木匠师巧于因地制宜、随机应变之能力。

本图为纵剖的单点透视图，可以见到“三通五瓜”式栋架；前后皆用卷棚，前檐口用瓜筒，后檐则为草架；神房上封以天花板；同时在卷棚之上也出现暗厝，以小窗封闭，省却复杂的斗拱装饰，属于较简洁的做法。

1. 中脊。
2. 中脊桁。
3. 三通梁。
4. 二通梁。
5. 大通梁。
6. 托木（插角）。
7. 卷棚。
8. 暗厝。
9. 神房平顶可遮挡屋顶双楹。
10. 花鸟石柱。
11. 步口通梁。
12. 前坡上下檐之间置水车垛。

纵剖二分之一式

1- 三川殿明间斗拱有直挑者，有斜出者，层层而上，精美绝伦
2- 正殿的螺旋式藻井为当年的创新设计，虽已于1954年重建，但仍维持原有的设计概念
3- 三川殿次间及两端的梢间均以计心斗拱承接斜棂天花，梢间的斜棂嵌于八角窗形之内，变化多端

能人巧匠的杰作

惠安名匠在艋舺龙山寺的木结构上，展现了溪底派的功力，除了结构严谨、承重稳固，设计的各式斗拱亦具精巧雕刻，尤其是正殿的螺旋式藻井和三川殿的网目斗拱最有新意，令人炫目。此外，不论是凿花、石雕、剪黏，还是交趾陶、彩绘等，当时聘来的巧匠都是一时之选，如大木助手王树发（王益顺之侄）、泉州雕花师杨秀兴、石作师惠安蒋氏兄弟与出身苗栗竹南的辛阿救、泉州同安的陶匠洪坤福等。他们杰出的作品，是艋舺龙山寺在台湾建筑史上耀眼的重要原因。

延伸观察

新北丨淡水龙山寺前殿

源自泉州安海的龙山寺，台湾北部除了艋舺龙山寺还有淡水龙山寺，两者可做一比较。淡水是早期台湾北部要津，帆船往来泉州或福州频繁。1858 年（清咸丰八年），泉州的晋江、惠安、南安“三邑”绅民捐建龙山寺，位于古时米市集中之古街附近，寺前贩夫走卒络绎不绝，成为淡水繁华的市集。

淡水龙山寺格局原为“两殿两护龙”式，建筑呈现典型的泉州风格，木雕精细而石雕朴拙，两者相映成趣。近年在正殿之前增建拜亭一座，风格尚称和谐。

淡水龙山寺前殿纵剖图 以纵剖透视表现前殿建筑特色，架内用“二通三瓜”，梁枋用料疏朗简洁。前步口用两架，以狮座承托斗拱；后步口用四架卷棚，象征拜亭，朝向正殿之观音神像。正面之蟠龙柱，盘在八角柱身上，为典型清代后期风格。

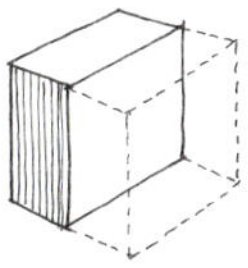

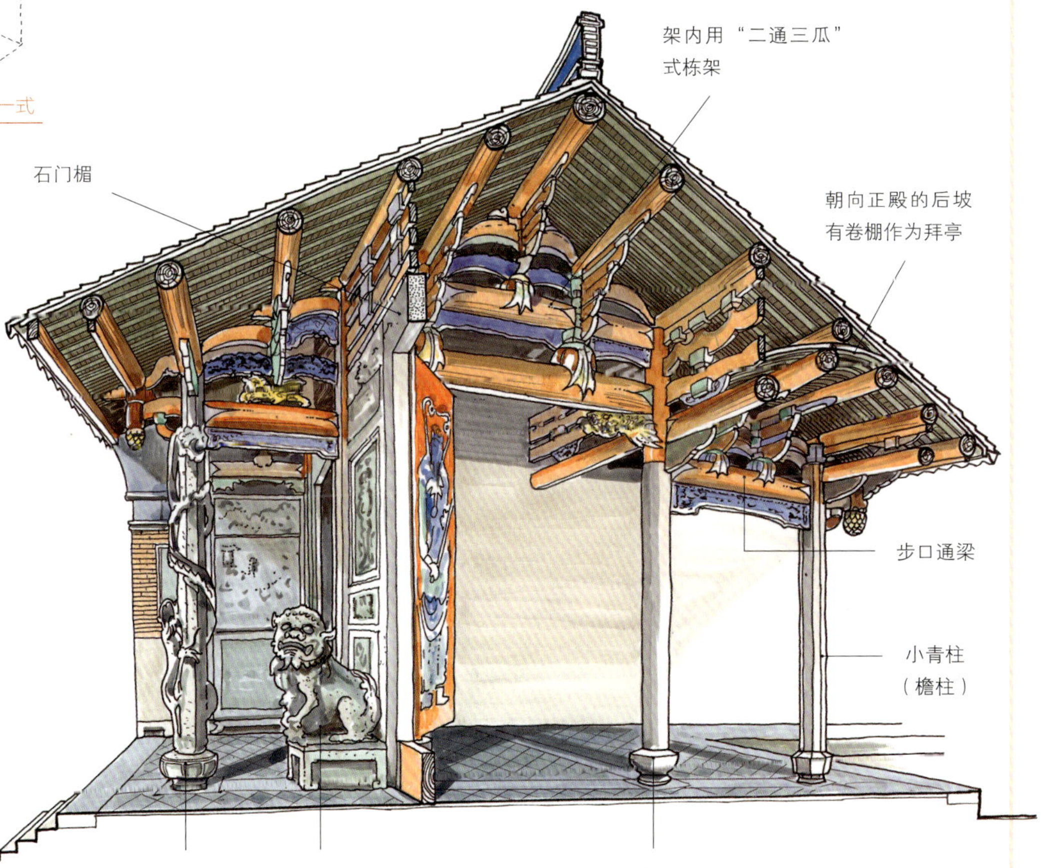

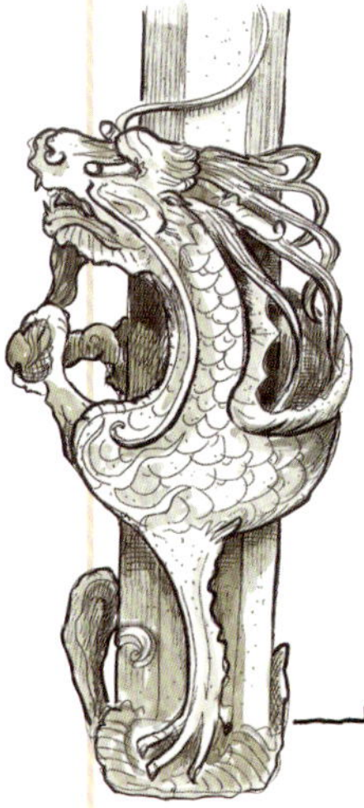

淡水龙山寺石龙柱细部图
柱身断面为八角形，是标准的清后期形式

新竹 | 都城隍庙

出自泉州溪底派名匠王益顺之设计，其前殿的八角藻井及平闇天花最具特色。

年代：1747年（清乾隆十二年）创建，1924年改建
地址：新竹市北区中山路75号
方位：坐东朝西

城隍爷为守护城池之神祇，被视为“理阴赞阳”，襄助城市之治理。新竹城隍爷在清末晋升为“都城隍”，地位重要，故其建筑历经几次扩建，现有建筑多出自泉州溪底派大木名匠王益顺之设计。

王益顺在1919年率多名徒弟来台湾，主持台北龙山寺改建工程之后，1924年受新竹望族郑肇基之邀，到新竹设计督造城隍庙。其中前殿（三川殿）非常考究，左右次间用平顶天花，明间设置一座八角藻井，造型严谨，斗拱层层上升达到顶心明镜，而前檐之下则采用旋涡斜拱的“网目”。此外，正面所用石材主要为泉州白与青斗石，精雕细琢的工艺出自惠安石匠师之手。中门的石狮小巧玲珑，后来被用在邮票上。

都城隍庙前殿　解构式剖视图

本图以正面与剖面各半的方式绘出前殿的透视图，右边为完整的立面，左边则剖开前步口廊。如此一来，檐口精美的网目斗拱及室内极具特色的藻井与平闇天花，均一目了然。

1. “财子寿”（福禄寿）三星是民间信仰的宫庙常用的屋脊装饰，一般用剪黏技艺，也有用二次烧的交趾陶。
2. 以剪黏工艺制作的屋脊行龙，犹如在脊顶行走，龙首必定对望。
3. 屋面使用绿釉筒瓦。
4. 墙顶放置镇邪石狮。
5. 水车堵，为墙头上的一种装饰带。
6. 对看石堵分为顶堵、身堵、腰堵、裙堵与柜台脚（又称地牛）五段，是按照人身的概念为不同位置命名。
7. 青斗石雕的柜台脚。
8. 门枕石。
9. 黑灰色安山岩石雕龙柱，反映出时代风格。
10. 回首麒麟裙堵。
11. 青斗石雕凿的石狮。
12. 后点金柱。
13. 网目斗拱，即双向交叉的斗拱编织如网。
14. 山墙悬出侧檐，形成四垂式歇山顶。
15. 平顶天花以浮雕装饰。
16. 天花板以上的栋架不加工，称为草架。
17. 藻井，也称为蜘蛛结网，网心即顶心明镜。

正殿采用“三通五瓜”式屋架，大通、二通梁上所置瓜筒形式不同，三通则用憨番扛拱，造型讨巧

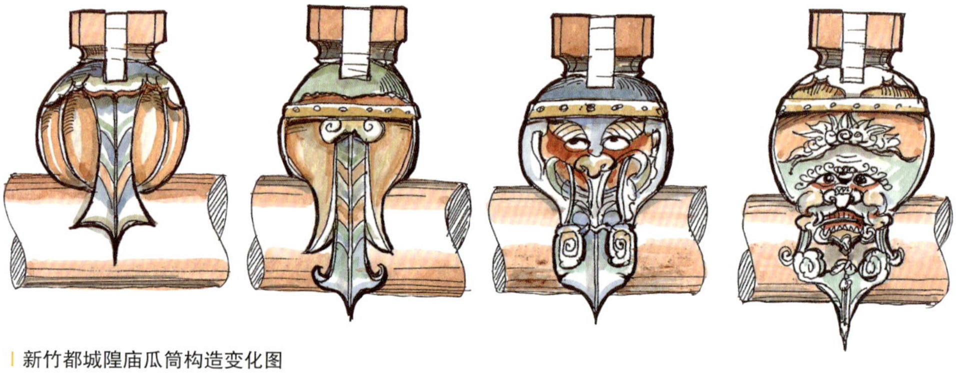

新竹都城隍庙瓜筒构造变化图

新竹都城隍庙木雕精彩，光是瓜筒造型就有多种变化，图中由左至右分别为三爪蹼式瓜脚、三爪瓜脚加一对牙、兽首式瓜筒、龙首式瓜筒

城隍爷晋封与城隍庙修筑

在中国，城隍是历史非常悠久的土地神祇信仰，“城”指的是城墙，“隍”指的是护城河，具备城墙与护城河的城池才能保护黎民苍生。城在地上，象征阳；隍陷在地下，象征阴。所谓阴阳相济，故城隍爷深受人民信赖，历代主要城市大都设置城隍庙。

1747 年（清乾隆十二年），新竹初建城隍庙，由官方奉祀称为“显佑伯”，为县城隍，嘉庆年间增建为三殿。至清末再度重修，光绪年间神格被晋升为“威灵公”，为都城隍，而建筑物也逐渐扩大。至 1924 年再度修筑，其规模虽维持嘉庆年间的三殿格局，但这次礼聘福建泉州著名的大木匠王益顺主持修建。新竹都城隍庙经名匠之手设计后，形制更为严谨，木雕精细，被誉为杰作。

新竹都城隍庙全景鸟瞰图
左为城隍庙，中为法莲寺（原观音殿），右为护龙，两庙并立加护龙之格局罕见

1– 前殿檐下炫目的旋涡斜拱，结成“网目”贴安金箔，使寺庙的外观显得异常华丽

2– 前殿斗八藻井坐落在正方形的木梁架上，层层向上内缩，结构严谨，造型华美

新竹都城隍庙前殿仰视纵剖透视图
从纵剖二分之一的角度来看，前殿进深用四柱，将殿分成前后步口廊及架内三间

前殿为南方华丽建筑之代表作

前殿乃新竹都城隍庙的门面，是整栋建筑的视觉焦点，所以明显看得出王益顺在设计上的用心。其面宽三间，进深亦为三间，前后各置步口廊。他在殿内增置一座“斗八藻井”，由于四点金柱上的梁框并非正方形，所以在梁上加两根枋材，先构成正方井，其四角再架抹角梁以框成八角井，之后以五跳的斗拱层层上升，承托顶心明镜。藻井构造精巧，有如花团锦簇，结构与比例达到均衡之美。

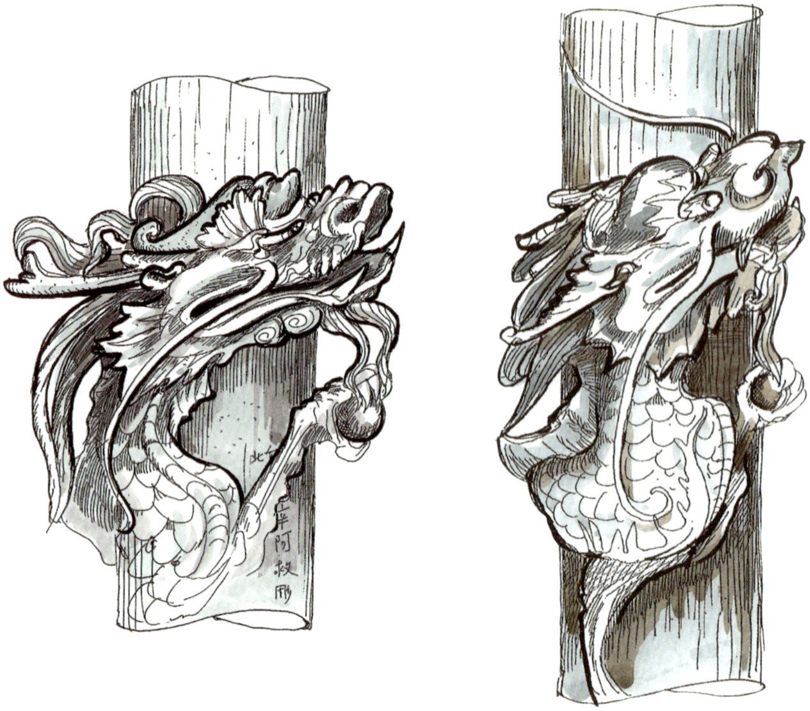

新竹都城隍庙龙柱细部图

左图为前殿后步口龙柱，内藏有石匠师落款“台北辛阿救雕”，辛阿救是曾参与艋舺龙山寺的名师。右图为正殿的石龙柱，雕刻功力不遑多让。两者均为新竹都城隍庙的石作精品

前殿中门有一对青斗石雕凿的石狮，体态呈现精壮的肌理，乃上乘之作

延伸观察

嘉义 | 城隍庙

嘉义城隍庙出自王益顺堂侄之手，虽与新竹都城隍庙格局迥异，但亦承袭了泉州溪底派之建筑风格。

古代县府及省城依规制可建城隍庙，嘉义古称诸罗县，早在清初康熙年间即创建城隍庙。1936 年有一次大修，由来自泉州惠安的大木匠师王锦木督造，建筑更加辉煌，呈现溪底派的许多特色。

嘉义城隍庙全景解构剖视图 将前殿、拜亭与正殿剖开一半，使屋顶构造与柱列安排皆可见到。前殿与正殿之间夹以八柱式拜亭，构成“工”字形平面。三座建筑以屋顶衔接为整体，如此可减少光线进入室内，体现出城隍庙作为“阴庙”的特色，这点与新竹都城隍庙很不一样。

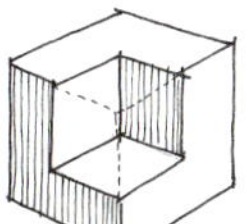

纵平剖八分之一式

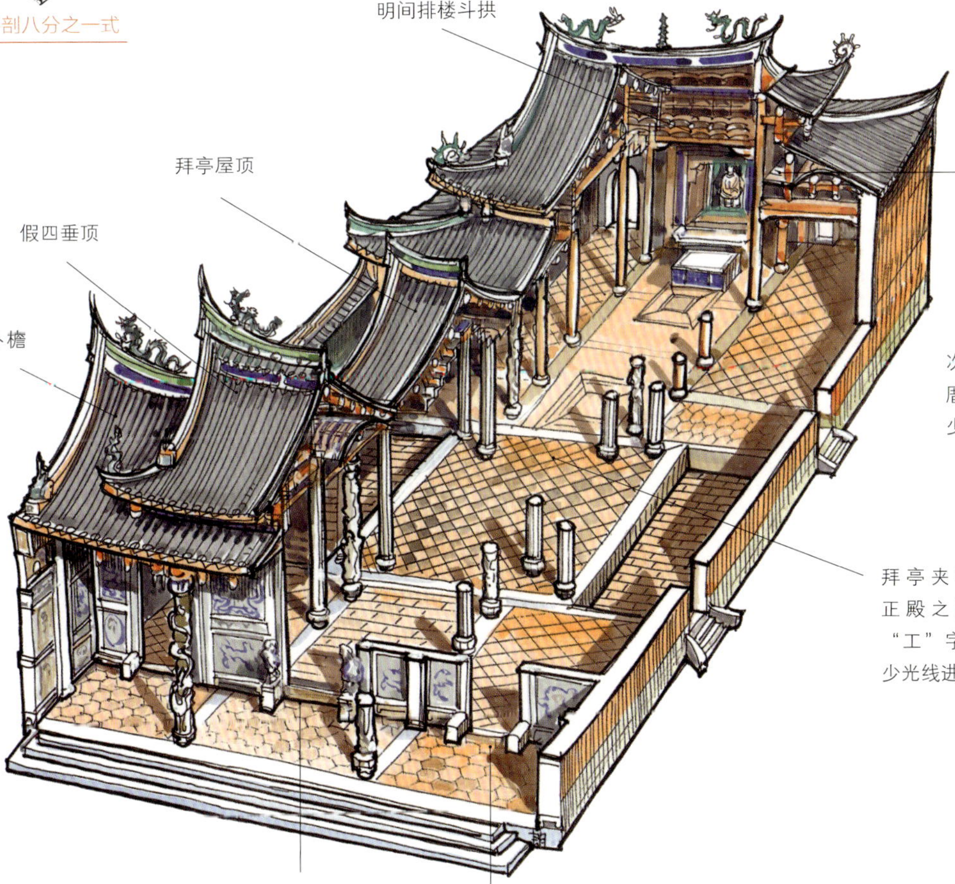

彰化 | 节孝祠

台湾仅存之独立节孝祠，正殿出现罕见的移柱法设计。

年代：1887年（清光绪十三年）创建
地址：彰化县彰化市公园路一段51号
方位：坐东北朝西南

传统汉人社会中，为亡夫守节并奉养公婆子女者，被尊为节孝，经有名望人士访查属实后，地方可奏请礼部准予建祠。清代台湾府、县并未全部建有节孝祠。据规定，乡贤祠、名宦祠和忠义孝悌祠可建于学宫之内，节孝祠则另行择地营建，但台湾有的府县也将之并入学宫或寺庙中。而清末设立的府县中，只有彰化县独立建造节孝祠，纪念这些节孝妇女。

1919年彰化名士吴德功辑录《彰化节孝册》，列册之节孝妇女有数百人之多。节孝祠每年举行春秋二祭，由地方官员主持。目前所见之彰化节孝祠在日据时期经历迁建，近年又经过修缮，但墙体、屋顶及栋架皆保存原貌，前殿、后殿与廊道围成的封闭庭院依然宁静。其木作彩绘出自鹿港名师郭新林之手，构图严谨，设色典雅，具有很高的艺术价值。

节孝祠　全景解构式剖视图

本图为剖开一半屋顶的透视图，兼顾屋顶形式与室内空间之关系。彰化节孝祠采用两殿带轩亭的形式，面宽五间，两殿之间以廊道连接，中央围出静谧的天井。正殿前的轩亭，是举行祭典时摆放供品及香炉的空间。

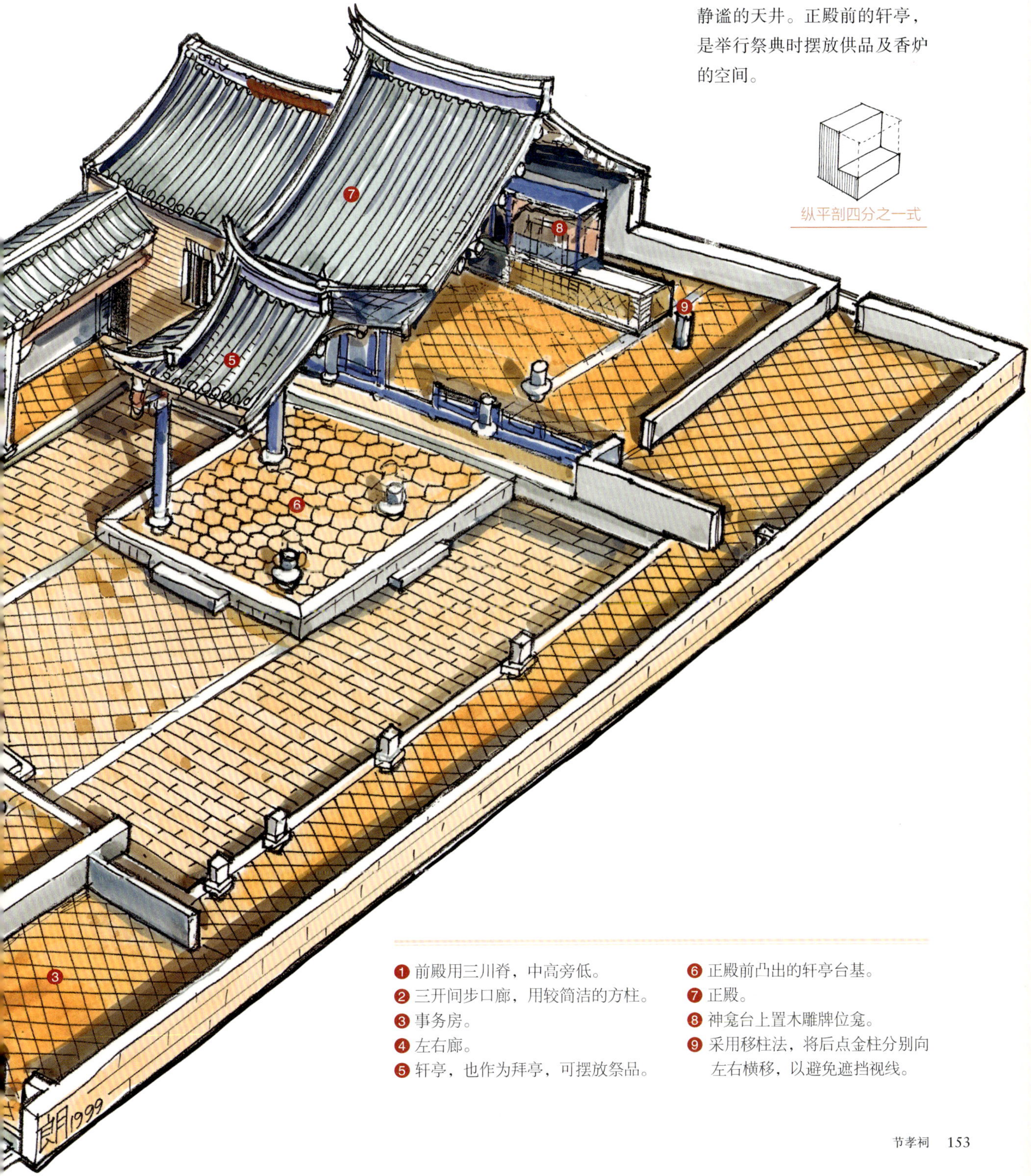

纵平剖四分之一式

❶ 前殿用三川脊，中高旁低。
❷ 三开间步口廊，用较简洁的方柱。
❸ 事务房。
❹ 左右廊。
❺ 轩亭，也作为拜亭，可摆放祭品。
❻ 正殿前凸出的轩亭台基。
❼ 正殿。
❽ 神龛台上置木雕牌位龛。
❾ 采用移柱法，将后点金柱分别向左右横移，以避免遮挡视线。

1- 前殿整修前，原设有木栅栏，木作斑驳，古意十足

2- 牌匾悬挂于三川殿的门额，整体色泽典雅，“节孝祠”三字浑厚，符合纪念节烈妇女的祠庙定位

3- 前殿屋架采用“二通三瓜”式

4- 正殿与轩亭结构完美搭接

5、6、7- 彰化节孝祠彩绘为鹿港郭氏彩绘匠派之传人郭新林所绘，为1924年的作品，画风属于泉州古典传统，画艺精湛，而且构图严谨

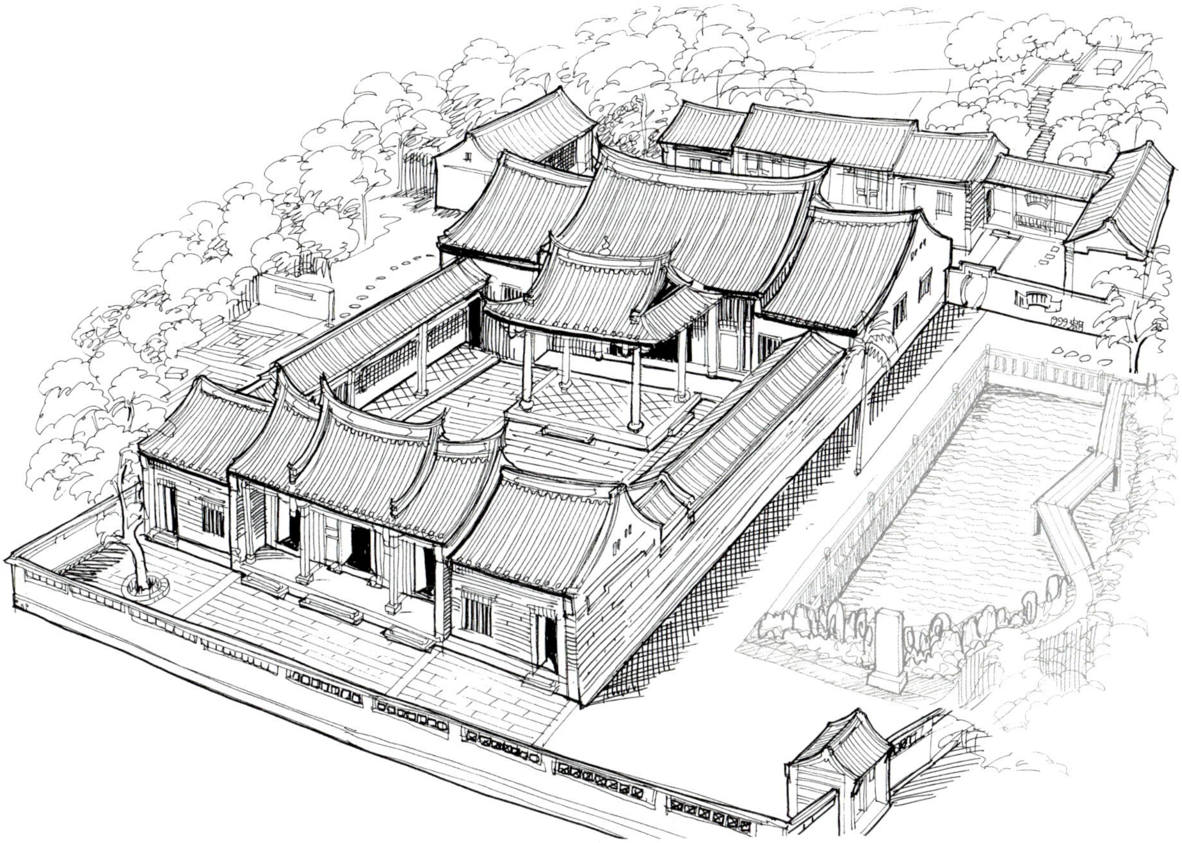

彰化节孝祠全景复原示意图

节孝祠以四合院为核心，左右布置庭园，后侧有一列服务房舍

硕果仅存的独立节孝祠

台湾最早的三座节孝祠，一是 1723 年（清雍正元年）台湾县（位于今台南市）奉旨在台湾府城镇北坊所建的“烈女节妇祠”；二是同一年所建的凤山县（位于今高雄市）“烈女节妇祠”，位于县治北门，今已不存；三是诸罗县（位于今嘉义市）所建的“烈女节妇祠”，位于学舍旁，今亦无存。清中叶之后，台湾中部、北部社会发展成熟，1829 年（清道光九年）淡水厅同知建节孝祠，位于学宫左畔，面宽三间。澎湖厅通判于 1838 年（清道光十八年）在天后宫西室捐建节孝祠，至今尚存。

清末时期，设立的台北府、恒春县、云林县及苗栗县等皆未建节孝祠，而台南原在镇北坊的节孝祠亦改建于府学之右侧。只有彰化县的地方人士先调查节孝妇名录，采集数百名，奏请礼部，准予建立节孝祠。节孝祠最初于 1887 年（清光绪十三年）创建于城隍庙东侧，至 1923 年因都市规划而被迫迁至八卦山西麓，易地重组。台湾光复后，彰化节孝祠破败荒废，20 世纪 90 年代终获整修机会，并于东侧兴建庭园，增添园林之美。

1– 正殿后点金柱分别向左右移位，大通梁搭在寿梁上，为台湾罕见的移柱法

2– 高悬正殿的“玉洁冰清”匾，四字道出了节孝妇女的特质

移柱技巧在台湾的孤例

彰化节孝祠平面格局为四合院，两殿两廊，栋架属于泉州式风格。前殿辟三门，可称为三川殿，两侧又有耳房各一间。但前殿正面辟门窗，形制不符合传统做法，似为迁建时所改的。两廊各为四开间，其中靠近正殿之三间合乎明间大而次间小之秩序。正殿面宽三间，深亦三间，前方轩亭为四柱式高亭，立在一座石砌台基之上。自三川殿望去，拜亭尽收眼底，形体高低大小配置得宜。拜亭面宽与正殿明间对齐，结构系统结合为一。正殿左右山墙辟门，可通耳房，耳房又与两廊相接。三川殿、中庭、拜亭及正殿构成中轴线上的主要仪典性空间，而前后耳房及左右两廊串成的服务空间，相会于正殿内的祭拜之处。

彰化节孝祠建筑最特别之处，在于正殿采用极罕见的移柱技巧，其后点金柱分别向次间移位一米余，将大通梁架在寿梁之上。在台湾现存古建筑中，节孝祠为采用这种做法之孤例，弥足重要。采用移柱法之原因，很显然是想让正殿神龛不被后点金柱遮挡，当拜祭者立于正殿中门内时，所有的牌位皆完整地呈现于眼前。显然，当年的匠师在设计栋架时，已将实际使用之视觉效果考虑在内，亦令人深为敬佩。

节孝祠正殿　移柱构造剖视图

彰化节孝祠正殿供奉近四百位台湾中部地区的节孝妇女的牌位。一般祠庙的正殿，大木梁柱多采用四平八稳的对称布局，但有时室内的柱子会遮挡祭祀典礼的视野。节孝祠为了改正这种缺点，乃将殿内后点金柱分别向左右移位约一米，并加长加粗寿梁，以便获得视野无碍的效果，让这些牌位一览无余。本图采用的剖视角度，打开局部屋顶与墙壁，可清楚看到移柱构造，“二通三瓜”式栋架，以及细长瓜筒等。

1. 前点金柱。
2. 后点金柱分别向左右两侧移位，为方形断面，表现出“粗梁细柱”之原则。
3. 寿梁加长加粗，以配合移柱构造。
4. 大通梁前端插入金柱，后端骑在寿梁之上，而非常见的插入后点金柱。
5. 瓜筒细长。
6. 中脊桁。

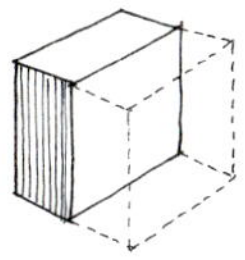

纵剖二分之一式

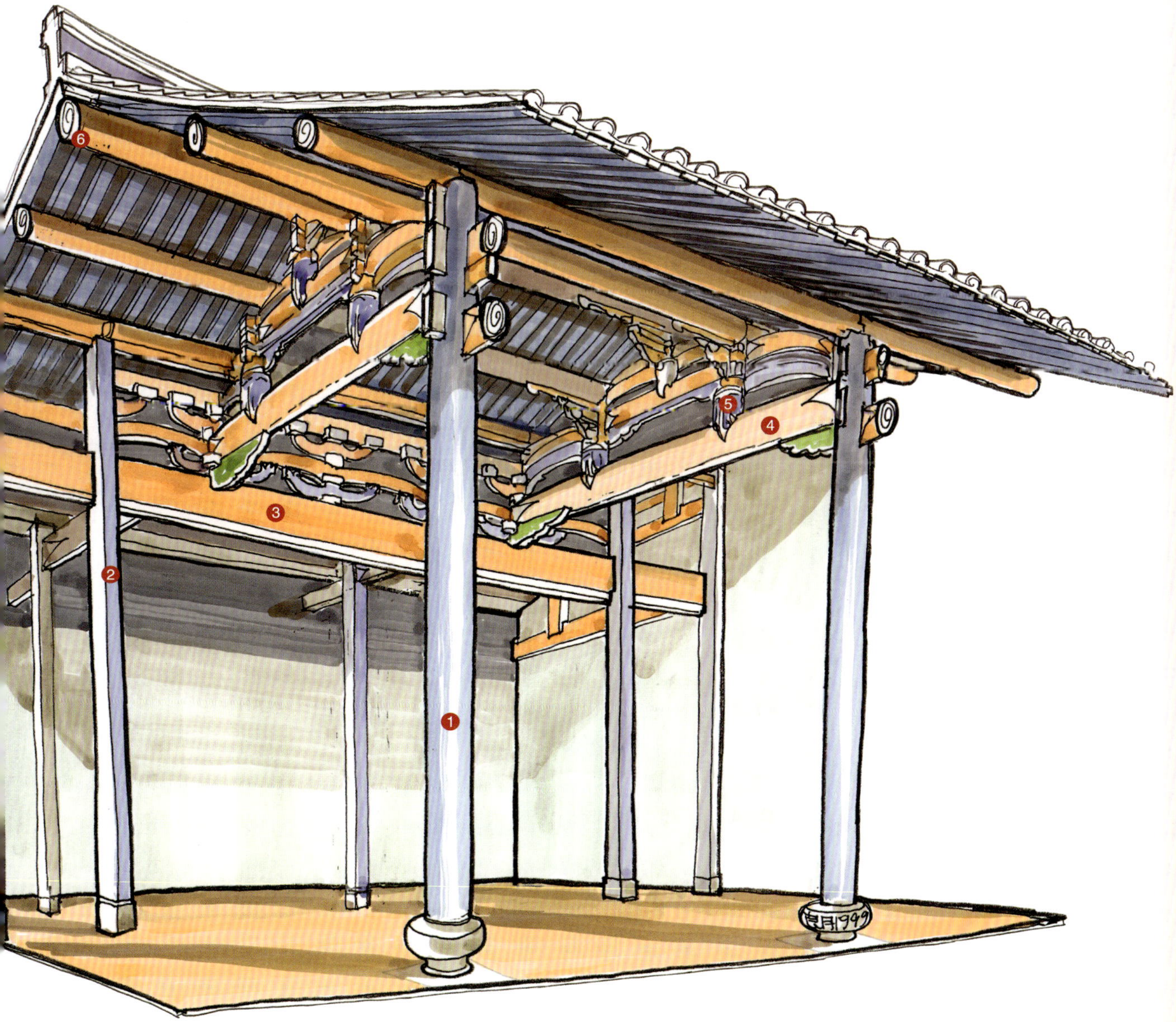

彰化 | 鹿港天后宫

由泉州与台湾匠师分别承建前殿和后殿，因此建筑风格差异明显。

年代：1926年改建
地址：彰化县鹿港镇中山路430号
方位：坐东南朝西北

鹿港是清代中叶台湾中部最繁盛的商港，与泉州蚶江之间船只往来对渡，商业蓬勃、人文荟萃、寺庙极多，《彰化县志》谓“泉、厦郊商居多，舟车辐辏，百货充盈”。受到沿海妈祖信仰的影响，鹿港因缘际会拥有两座天后宫。一座是清初信徒捐建的，又称旧祖宫，据旧照片看，在乙未日本据台之前，其面宽三间，前殿为硬山式单檐，左右出八字墙，可能已有三殿之规模。另一座是林爽文事件之后，福康安感念妈祖庇护而奏请新建的天后宫，即新祖宫。其建筑在近代遭全面改建，已经无法看出清代格局。

旧的天后宫虽亦历经修建，但在台湾建筑史上具有重要地位。在 20 世纪 20 年代改建时，由泉州王益顺与台北新庄吴海同两位匠师督造，前者设计前殿（三川殿），后者设计正殿。一座寺庙中，体量最大且构造最复杂的通常是正殿，鹿港天后宫也不例外。吴海同将正殿设计为等级极高的重檐歇山式。他师承潮州派的曾文珍，因此正殿呈现出明显的潮派特色。

鹿港天后宫正殿　掀顶解构式剖视图

本图将正殿上檐和下檐的屋顶掀开四分之一，使大木及斗拱构造一览无余。下檐以卷棚绕一圈，结构工整而稳定。值得注意的是，上檐栋架的排楼连拱围成正方形，有助于强化结构，而檐下出现暗厝，皆属台湾仅见之例。

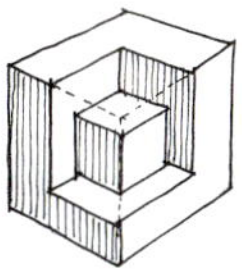

如意剖式

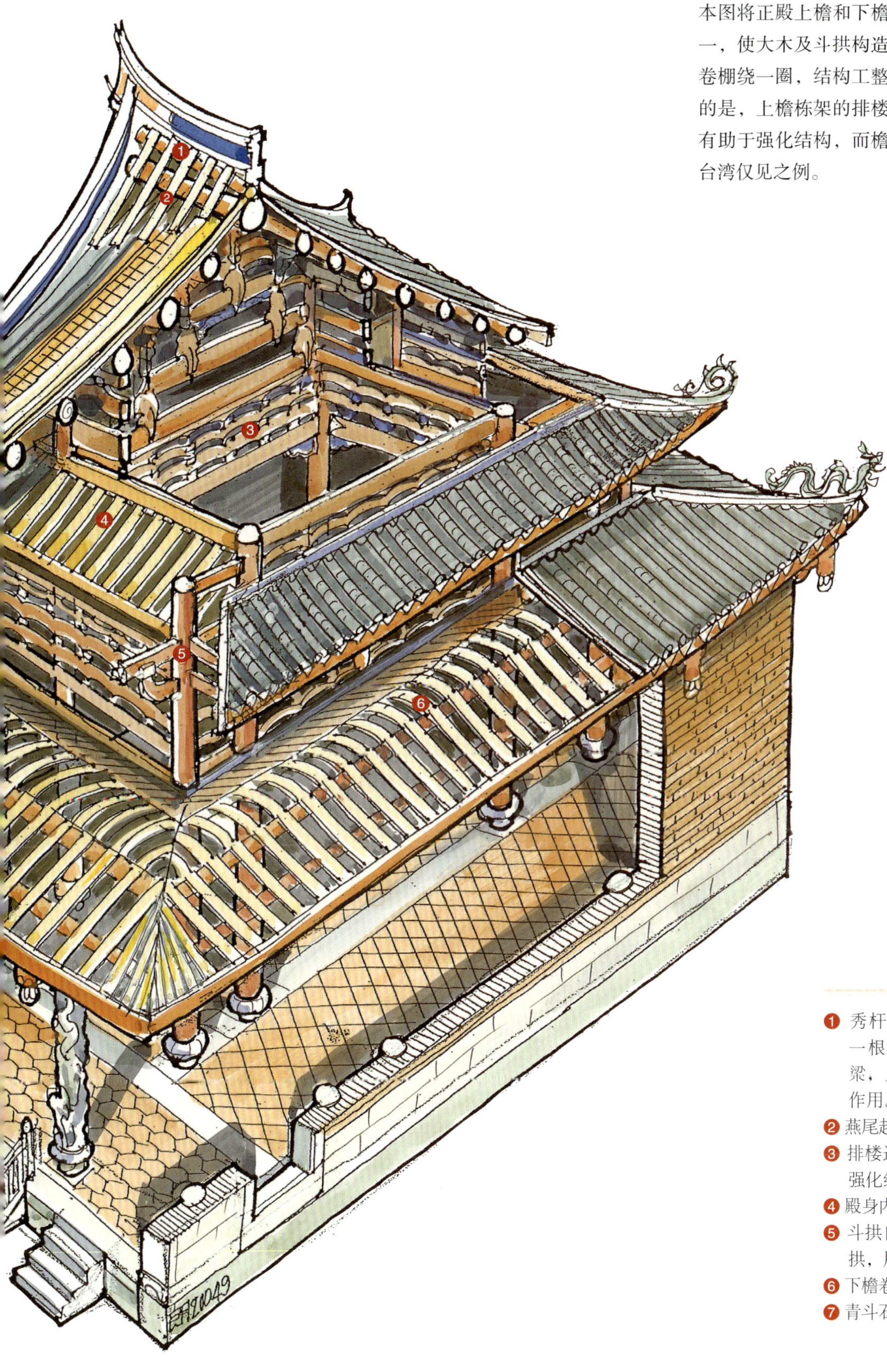

❶ 秀杆，也称为岁干，是一根架在中梁之上的斜梁，具有提高屋脊翘度之作用。
❷ 燕尾起翘之下设暗厝。
❸ 排楼连拱环绕成方框，可强化结构之稳定。
❹ 殿身内部的桷木。
❺ 斗拱自柱头伸出，称为插拱，用来支撑屋檐。
❻ 下檐卷棚环绕殿身一圈。
❼ 青斗石雕御路。

1- 王益顺将鹿港天后宫的三川殿设计成一座大殿的模样，与厦门南普陀寺颇相似
2- 正殿的重檐歇山顶
3- 三川殿架内的八角藻井，华丽却不失严谨

设计阶段引进“征图”新观念

鹿港天后宫确切的创建年份已不易考，但据《彰化县志》载，“天上圣母庙，一在鹿港北头，清乾隆初士民公建”，可知至少在清乾隆初年已然创建。后来在嘉庆、同治年间又有大修记录。至 1926 年，鹿港地方名人辜显荣力倡重修，并捐出三万元带头集资。这次的大修有许多创举，使鹿港天后宫声名大噪。

据说当时先征求设计图，并向台中州厅申请核准。当地大木匠师施水龙亦有参加。庙方聘请泉州名匠王益顺担任评审，结果没有人获得首奖，最后庙方敦聘王益顺主持设计。终于在 1927 年动工，历经十年才完成了一座非常有特色的庙宇。

王益顺设计承建三川殿及左右廊，正殿则由新庄吴海同设计承建，使得天后宫成为前后对场作。实际施工中，三川殿由王树发“执篙”（即担任核心设计匠师），至于细木雕刻，鹿港本地原有良好之传统，因此多交由当地木雕师傅负责。正殿神龛由杨秀兴高徒黄连吉担任木匠，石雕则由厦门蒋馨承包。蒋银水与张金山负责现场。彩绘有一部分由郭新林承做（“二战”之后，部分彩绘由柯焕章重绘）。

1– 三川殿与正殿均为重檐歇山式屋顶，从空中鸟瞰，真有“钩心斗角”之势
2– 从三川殿望向正殿。左右廊屋顶采用假四垂，于天井中四面环顾可以看到争奇斗艳的屋宇

罕见的双栋重檐歇山殿宇

一般寺庙的三川殿多为三川脊式硬山顶，日据时期则出现硬山上骑歇山的假四垂顶。不过，像王益顺将鹿港天后宫前殿设计成重檐歇山式的大殿模样，当时却是首见。其平面近正方形，面宽五间、进深三间，正面中央辟三川门，左右两次间辟八角门，如此算来共辟五门，比清代旧貌多出两个门。室内明间置八角藻井，次间使用天花板，并用看架支撑，与王氏另两处名作艋舺龙山寺及新竹都城隍庙相似，但不用通气孔。从左右内墙上伸出斜拱的看架，具有高度的装饰趣味。他设计的两廊也颇具特色，廊的长度使中庭尺寸无法保持“宽”大于“深”，因此将两廊的屋顶刻意缩短。两廊屋顶使用假四垂，明间屋顶凸起，内部可悬挂钟鼓，兼为钟鼓楼。

吴海同设计的正殿，面宽三间、进深五间，步口设置卷棚，在转角处多加一根 45 度的角梁以增强结构之稳定。进深大、上檐高，使得架内的“三通五瓜”被拉得很高，故于下方设三层连拱强化结构，也不会在视觉上显得太疏松。上檐部分，前后金柱的排楼连拱，使正殿的暗厝空间较同类大了许多，为吴氏设计的特色。与前殿相较，前殿栋架华丽，正殿栋架庄严，两者恰如其分。

鹿港天后宫前殿 纵剖透视图

这座精美而气度恢宏的三川殿在台湾近代寺庙史上颇为重要，因为它采用了极为罕见的对称式栋架。它的前步口与后步口尺寸相同，而藻井顶心也对准中脊桁，几乎是一座前后左右皆对称的建筑。本图呈现前步口上方为王益顺擅长的网目斗拱，后步口上方则用卷棚。架内出现一座八角藻井，下井出二十四组斗拱，上井出十六组斗拱，下井内又施吊筒两圈，这是台湾首见。

1. 顶心明镜象征天。
2. 藻井可分为上下两段，上井半径较小，斗拱数目也减少。
3. 下井出二十四组斗拱，上井出十六组斗拱。
4. 后步口暗厝在卷棚之上。
5. 四点金柱，是一座建筑核心部分的主要大柱。
6. 石球，也称为抱鼓石。
7. 网目斗拱。
8. 前步口暗厝在天花板之上。

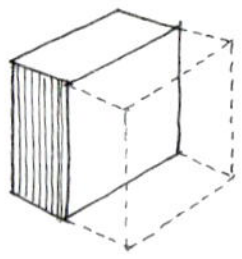

纵剖二分之一式

鹿港天后宫正殿剖视图

正殿的栋架虽不似前殿繁复，但系统具有规则性，空间不失庄重

彰化 | 鹿港龙山寺

佛寺中设戏台，以十六组斗拱组成八角藻井以强化声音共鸣。

年代：1829年（清道光九年）修建
地址：彰化县鹿港镇金门街81号
方位：坐东朝西

鹿港龙山寺与其他龙山寺一样，分灵自泉州安海龙山寺，主祀观世音菩萨，它也是台湾目前最古老、规模最大的一座龙山寺。在泉郊（专往泉州地区开展贸易的商会）商业最鼎盛的清道光年间，鹿港龙山寺得到一次大修扩建的机会，商会及船户等富商巨贾大力捐献，扩大其规模，修建内容及捐献者均在石碑上留下记录。建筑属于泉州风格，大木结构与石雕艺术水平颇高，是清代中期台湾寺庙建筑高峰的代表作；总结了清初以来建筑形式与结构技术，亦是建筑史上重要的里程碑。

它虽未建钟鼓楼，但有许多特色，例如“减柱移柱”并施的十二柱山门；前殿（五门殿）左右伸出八字墙，中央入口用斜坡式“礓礤”，紧接殿后的大戏台有八角藻井；前置三开间拜亭的重檐歇山式大殿。而后殿左右设方丈室，作为出家人居所。为了适度隔出私密小院，以八角门与圆月门分隔前后院，也是合乎人情世故之设计。这些皆是独步全台的做法。

鹿港龙山寺　全景鸟瞰透视图

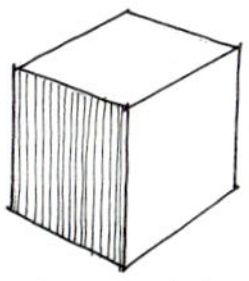

全景鸟瞰式

本图完整呈现建筑的规模与气势，从前面的山门，经五门殿、戏台、拜亭、大雄宝殿至后殿与方丈室，全程进深200多米，为清代台湾中部最大佛寺之一。山门使用精巧的减柱移柱法，戏台内有跨度极大的八角藻井，正殿前有三开间拜亭，皆属经典之作。

1. 山门采用极罕见的减柱与移柱并施之法。
2. 礓䃰，为一种石砌斜坡道，可供神舆出入。
3. 前殿共辟五门，称为五门殿，又称天王殿。
4. 五门殿的方便门。
5. 五门殿左右设八字墙，有扩展正面之效果。
6. 烧字纸的惜字炉。
7. 前殿与戏台间的蟹壳顶，有利于屋顶排雨水。
8. 戏台正对大殿，演戏酬神。
9. 回廊。
10. 掖门为八角门。
11. 面宽三间的拜亭，其下供置香炉。
12. 大雄宝殿供奉观音佛祖。
13. 后殿供奉释迦佛。
14. 方丈室圆月门，围出出家人的居所。

1- 山门面宽三间，但柱间皆不大，重檐歇山顶的屋脊及屋檐的曲线起翘非常优美
2- 拜亭的斗拱出现“补间”的“看架”，力学构造与曲线造型结合完美
3- 五门殿的前步口，此处可见艺术水平很高的木雕及石雕

鹿港人共同信仰的“阖港庙”

据记载，鹿港龙山寺前身位于古旧市街内，后因信众增多、空间狭窄，1786 年（清乾隆五十一年）泉州人陈邦光倡议迁建，来自泉州各地的移民纷纷响应，兴造新庙于现址，匠师可能来自著名的泉州惠安溪底派。这里原属鹿港市街的南郊，清时乃宁谧安静之所，正适合古刹佛寺之落脚。至清道光年间，寺庙渐有毁坏现象，于是在“日茂行”郊商林氏第三代传人林廷璋及“八郊”（鹿港八大商会组织）的支持下，于 1829 年（清道光九年）进行了一次较大规模之修建，至 1831 年扩建完工。此次亦聘请大陆匠师负责施作，奠定了今日三进的宏大格局。其信徒分布亦广。

历经二十余年后，清咸丰年间拜殿及大殿再次进行修缮。可惜的是，1921 年后殿遭受“回禄之灾”，至 1938 年才重建，恢复了鹿港龙山寺的完整格局。

鹿港龙山寺山门减柱与移柱的大木结构图
山门门楣位于中柱上，屋架左右对称，在门楣之上叠排楼，枋上加枋，叠斗多达十层，形成类似井干之结构。四角的柱子可见减柱又移柱的特殊技法

佛道混合的清代城市型佛寺

为了满足早期移民的期望，位于城市的鹿港龙山寺不像山林佛寺那样只供奉佛教神祇，它也配祀通俗的道教信仰，亦在建筑配置上融合道教寺庙的元素，如设置戏台，建后殿供奉道教玄天上帝等。由于体系和所祀之神兼有佛寺及道教宗祠体系的特色，鹿港龙山寺基本上可称为混合式的大型寺庙。

鹿港龙山寺坐东朝西，前方除了水池（今已不存），还有一座秀丽的山门。山门面宽三间，进深四间，屋顶为重檐歇山。翼角之下原应使用四根柱子，但减去一根檐柱，并将金柱往外移，形成“品”字形柱组。这里减柱与移柱并施，其目的不是争取山门内之空间，而是创造一座结构明朗、应力分布均匀且造型优美的建筑。

进入山门之后，左右花圃内有石狮子一对，再往前则是前殿。佛寺的前殿称“天王殿”，

1– 戏台采用“牌楼式断檐”与“增夹层出檐”的构造做法，这样的安排让演戏时呈现出“台高声远”的优点

2– 戏台八角藻井的尺寸是全台最大的，跨度达6米，全用木榫结合，也是台湾现存年代最早的藻井，完成于1829年至1831年间

因为辟五门，又称“五门殿”。明间前步口有一对著名的“天翻地覆”蟠龙石柱。进入前殿内即见演戏酬神的戏台。中轴两边各有回廊及廊道，与前殿、正殿围合成宽阔的天井。

戏台采用断檐升箭口的做法，营造出一种屋顶被加高的感觉。但为防漏水，上下檐之间又夹了一层屋檐，称作“增夹层出檐”，使得戏台屋顶具有三层构造。此构造安排在演戏时有“台高声远”的优点，反映出演戏空间的特质。

正殿为重檐歇山式的巨大殿堂，考证指出原有“四面走马廊”，但可能在清末为了供奉更多神明，将殿身墙体外移，成为无廊的形制。出于寺庙内外有别的考量，大殿两侧各开两扇可闭合的八角门，通过八角门可见后殿。后殿两侧又各开一方丈门，通往出家人居住之所。为了取水方便，正殿与后殿之间设有三口龙泉井。

1– 大雄宝殿原有“走马廊”，即四面有檐廊，但可能在清末将殿身墙体外移，成为无廊的形制。殿前附三开间的拜亭

2– 后殿左右以圆月门分隔出私密性高的小院，作为出家人的生活区

鹿港龙山寺戏台　掀顶解构式剖视图

台湾清代寺庙的神明庆典常在庙前搭台，演戏酬神，拥有固定戏台的寺庙并不多。据清乾隆年间的《重修台郡各建筑图说》所刊图录，台南西定坊天后宫前有固定戏台，台湾府城隍庙前亦有一座，可惜今皆不存。一般而言，佛寺更少有戏台，民间信仰或道教宫庙才建戏台，戏码多为忠孝节义的故事。鹿港龙山寺在前殿与大殿之间却有一座精美的大戏台，实属罕见。鹿港为郊商汇集、舟车辐辏之要津，佛寺内建戏台，不仅有酬神作用，也使人们得以借此机会观戏同乐。

为求弘声扩音之效果，戏台屋顶下常置藻井。本图掀开一半屋顶，可看到八角藻井之构造奥秘。它在四方形梁枋之上架抹角梁，转为八角井，再以斗拱逐层升高，最后达到顶心明镜。角隅用四根柱强化稳定度。最特殊之处是在中层屋檐之下又增两根长木柱，使得从正面看三开间的戏台变成五开间。

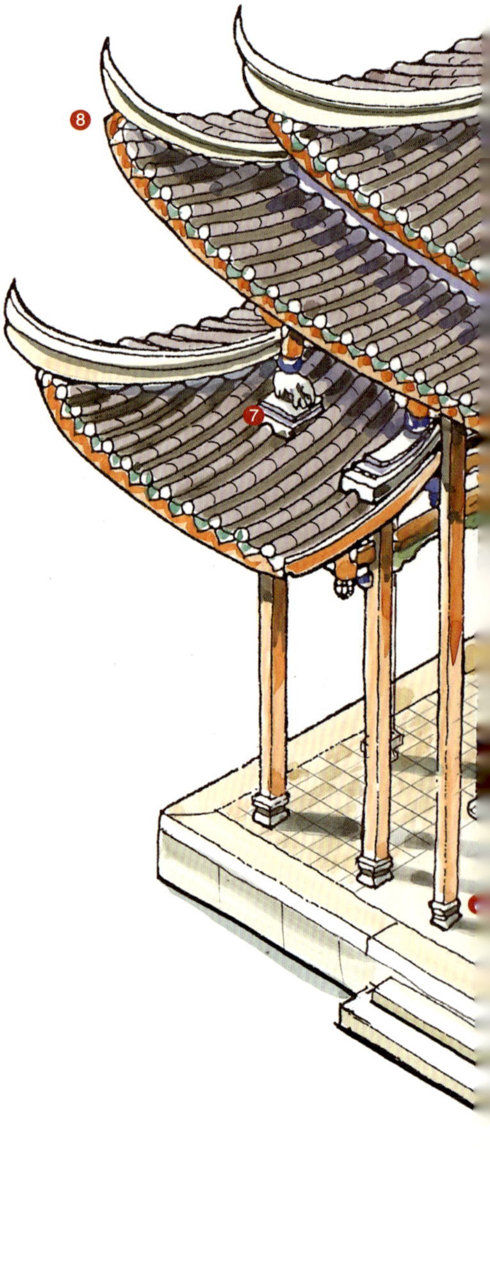

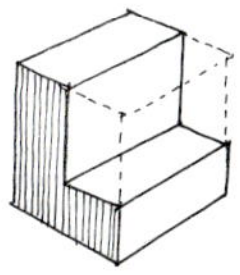

纵平剖四分之一式

1. 藻井最上面的盖板称为顶心明镜，它象征穹隆之顶，所以常绘以天龙。
2. 以抹角梁框成八角井。
3. 四点金柱是构成戏台空间的最主要支柱，也称为襟柱。
4. 排楼连拱。
5. 转角用四根立柱构成正方形框架，以利角梁出挑翼角。
6. 疑为后加的木柱。
7. 吊筒下方以象背支撑。
8. 草尾式屋脊，形如兰花叶或象牙。
9. 垂脊，也称为规带，有压住屋瓦之作用。

寺庙

云林 | 北港朝天宫

台湾著名寺庙匠师陈应彬之代表作，前殿采用假四垂重檐顶，为精雕细琢之杰作。

年代：1908年大修
地址：云林县北港镇中山路178号
方位：坐北朝南

台湾的妈祖信仰因为汉族移民，在明末清初即相当普及，北港朝天宫属清初台湾的第一批妈祖庙之一，也是台湾妈祖信仰最负盛名的庙宇。从清初建庙以来，多次重修扩建，至1895年日本侵占台湾时曾遭兵火之灾。1908年全岛信众鸠资大修，大木匠师陈应彬主事，他将前殿改建为重檐假四垂式样。据史料可知，这是现存彬司所建年代最早的假四垂屋顶，其构造用材之精、技术之高超、形式之完美，将台湾寺庙建筑史推至一个新高度。

最吸引人的地方是步口廊上的看架斗拱。排楼门楣上斗拱出现斜拱，并以曲线流畅的螭虎拱上下重叠，层层出挑并上升，将内外木构连为一体。其功能与宋代的“昂”或清代的“溜金斗拱”无异。朝天宫建筑吸引人之处极多，但前殿之斗拱将力学与美学结合无间，应是建筑之精华。

北港朝天宫　前殿纵剖透视图

本图以剖视法分析其构造，其架内用“二通三瓜”式栋架，瓜筒形状饱满，束木之间的雕板繁密紧凑，几成面状，此法有利于提高结构之刚性。如果要说陈应彬的寺庙代表作，那么非朝天宫前殿莫属，他一生最拿手的技巧皆可在此见到。

❶ 据史料记载，为现存彬司所建年代最早的假四垂屋顶，技术高超，构造完美。

❷ 螭虎拱采圆雕法，为全台少见。

❸ “二通三瓜”对称式栋架。

❹ 替代瓜柱的四层叠斗。

❺ 凤凰造型的托木。

❻ 担拱看架，亦称溜金斗拱。

❼ 壁栋。

❽ 柜台脚。

❾ 附在圆桁下的桁引。

❿ 步口廊上的看架斗拱上下重叠，层层出挑并上升，将内外木构连为一体。

⓫ 排楼斗拱出现斜拱。

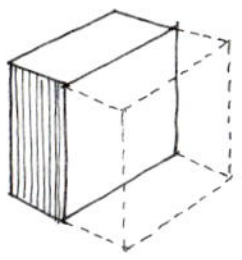

纵剖二分之一式

北港朝天宫位于市街中心，具有四落八殿、一埕七院的宏伟格局

台湾大庙成长过程之典型

北港朝天宫据传创建于1700年（清康熙三十九年），1730年（清雍正八年）重修后渐具规模。至1775年（清乾隆四十年）由诸罗县笨港县丞薛肇熿倡议捐款重修，成为三殿之格局，正殿供奉妈祖，后殿祀观音，东侧建护龙一排。1855年（清咸丰五年）再兴工大修，经四年始成，除增建第四殿圣父母殿外，并在中轴两侧各增建合院，配祀文昌帝君及三官大帝，形成主庙居中、副庙左右拱护之平面，可能是台湾首例。

1894年（清光绪二十年）北港市街火灾波及三川殿，1905年又遭逢大地震，乃由全台信徒募捐，敦聘当时最负盛名的大木匠师陈应彬改建。1908年动工，四年后完成，此即今天所见之貌。后于1968年改建大殿，并增建钟鼓楼。

1– 前殿的重檐歇山假四垂顶，栋架用材粗大浑圆，构造复杂，体现台湾寺庙建筑之极致

2– 前殿檐口置流畅的螭虎看架，斗拱自吊筒向后伸展，穿过排楼面直达架内；排楼面置米字形斗拱，实属罕见

3– 前殿后步口的螭虎造型拱，姿态、神情乃至各种细节，皆精彩绝伦，乃彬司的拿手之作

集两百余年建筑艺术于一身

北港朝天宫是台湾最出名的妈祖宫，至今仍保留有清乾隆、道光、咸丰、光绪年间至近代各个时期的建筑艺术。如后殿仍存“乾隆乙未年”铭记之蟠龙柱，为罕见之清中期落款龙柱；文昌殿前之双龙御路，1840 年（清道光二十年）由泉郊所捐立，艺术价值高。前殿出自名匠陈应彬之设计，斗拱与藻井技术高超，细部造型出神入化，为首先树立台湾本土风格之杰作。

前殿栋架瓜筒至为饱满，上雕老鼠咬瓜；拱身厚、卷螺深，螭虎采圆雕法，亦全台独一处。两侧龙虎门，置长枝八角藻井，自枋上出拱三跳后，改以“阳马板”上升，齐聚明镜。明镜雕团鹤，非常精美。正殿前带轩，木作亦精妙，山墙上仍可见到彬司所献之交趾陶，颇为珍贵。后殿两护龙前带轩，柱头斗拱甚优，亦为其特色之一。在台湾寺庙中，北港朝天宫无论就历史还是建筑而言，皆占重要地位。

北港朝天宫龙虎门上方的长枝八角藻井

1

2

3

4

1、2、3、4– 庙埕石柱上的四海龙王石雕像，姿态各异，栩栩如生：
1为最年轻的北海龙王敖吉，2为东海龙王敖光，3为西海龙王敖顺，4为南海龙王敖明

延伸观察

新北丨先啬宫前殿

先啬宫位于台北盆地内新北市三重区二重埔，主祀神农大帝。神农是古代为祈求五谷丰登而广被崇拜之神，先啬宫后来也被称为五谷王庙。1925 年由陈应彬与吴海同两位北部著名大木匠师对场改建，因此左右斗拱形式“相异成趣”。

先啬宫前殿纵剖透视图 以纵剖方式展现先啬宫前殿右半部，可以见到不对称栋架。排楼装在前一架之下，架内为“二通二瓜”式，前步口较大，占有两架深，并且可见飞跃在半空中的看架斗拱——以螭虎曲线斗拱表现向上跳跃的力学美感，这正是彬司的绝活，可与他在北港朝天宫前殿所呈现的相互比较。

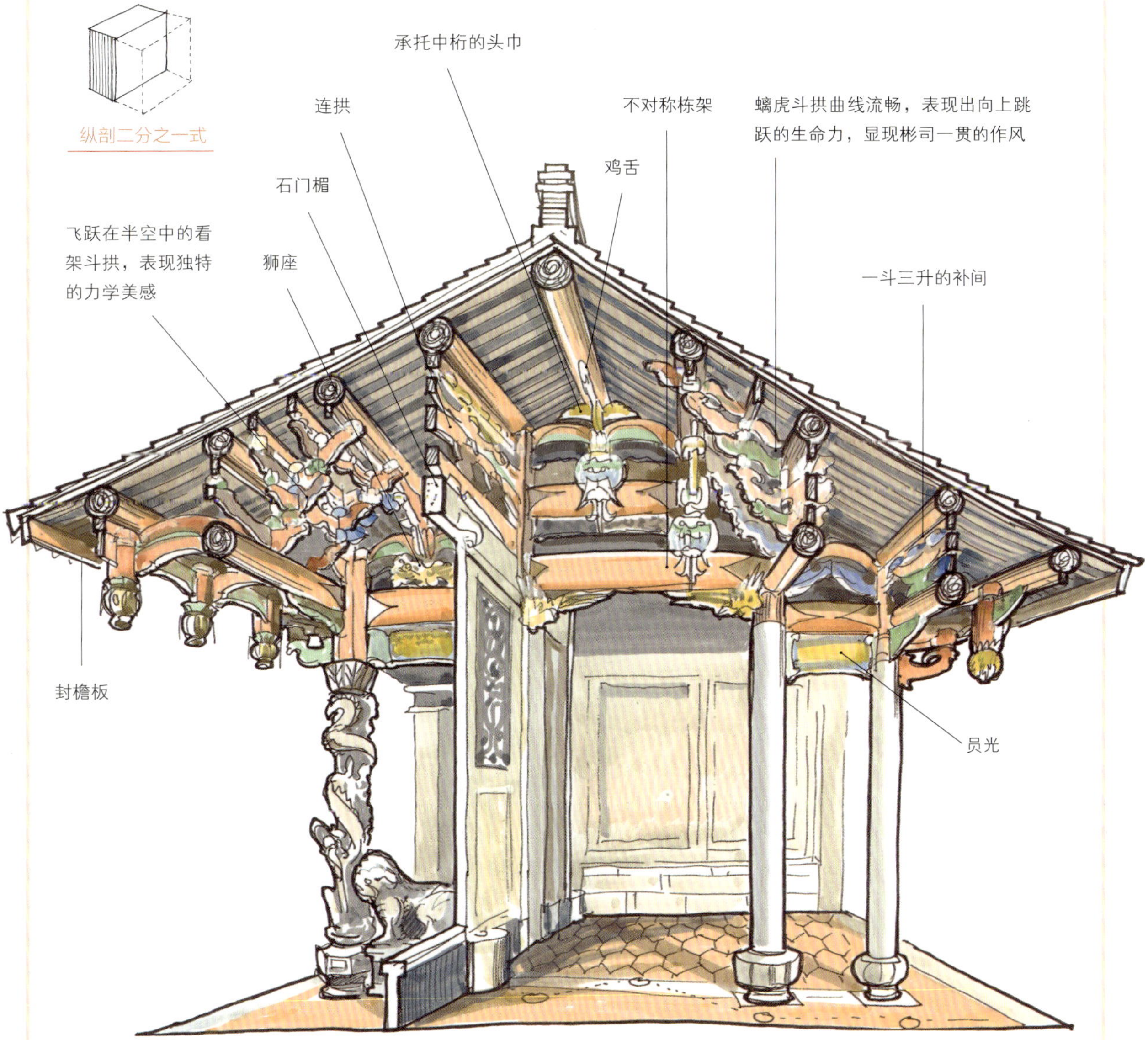

台南 | 三山国王庙

潮州风格之建筑，三庙并列，后殿设房供潮州来台者住宿。

年代：1742年（清乾隆七年）创建
地址：台南市北区西门路三段100号
方位：坐东南朝西北

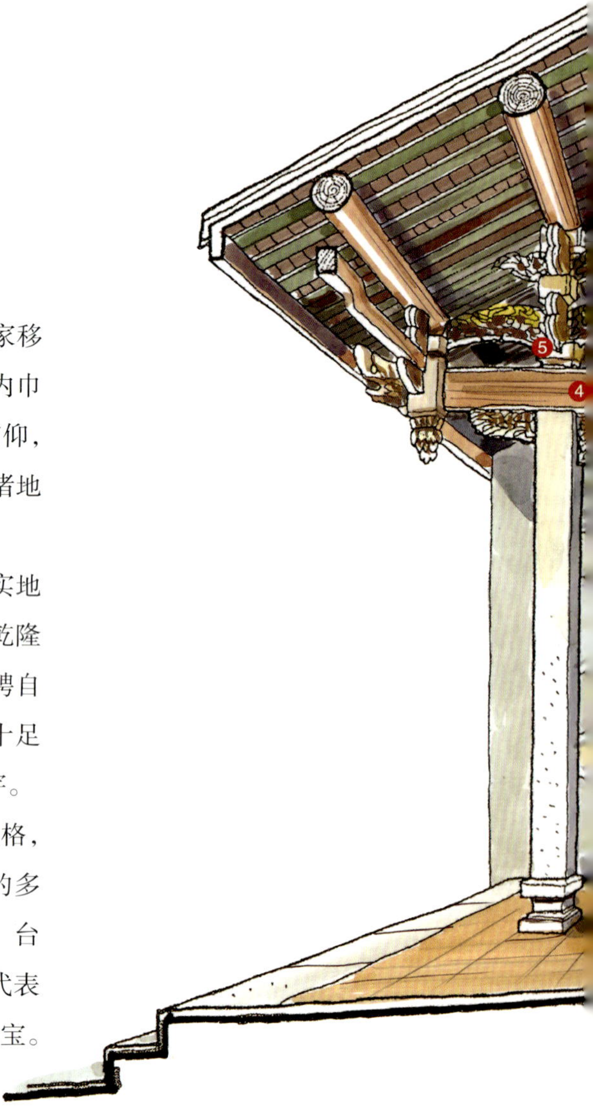

三山国王为潮州地方信奉之守护神，为粤东及客家移民所尊崇。所谓三山国王神，指粤东潮州府揭阳县境内巾山、明山与独山三座山的神，属于中国古老的自然信仰，广为潮州人所崇拜。随着移民潮，清代的台湾及南洋诸地区亦多可见。

台湾从北至南的三山国王庙为数不少，但真正忠实地反映粤东建筑特色者，只有台南三山国王庙。其为清乾隆年间从粤东潮汕来台者所建之庙宇，推测当时工匠亦聘自潮州一带，以至建筑物的格局、构造及细部皆表现出十足的潮州风格，屋顶形式与梁架斗拱皆异于台湾其他庙宇。

此外，精雕细琢的木雕也是潮州古建筑的典型风格，在台南三山国王庙中处处可见“内枝外叶”（透雕）的多层木雕，虽经历数百年，仍散发着精致秀丽之风采。台南的三山国王庙在台湾现存的潮州风格古建筑中最具代表性，保存原物最多也较完整，可视为台湾潮派建筑之瑰宝。

三山国王庙　前殿纵剖透视图

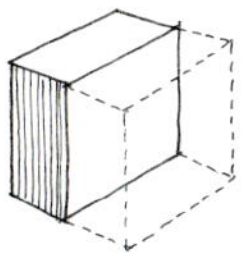

纵剖二分之一式

本图为前殿剖面图。前殿的正面全为白粉墙，门扇装在墙上，无排楼斗拱，显得厚实。步口廊墙上以浮塑的几何形图案装饰。最特殊的是步口的方石柱停在横梁之下，形成T形构造，而且斗直接骑在梁上。这些皆属潮州一带建筑常见的手法。

1. 中脊之下使用双梁，是潮派建筑的特色。
2. 潮派木雕以“内枝外叶”的精雕细琢为明显特征。
3. 工字殿左右之天井以“龙墙虎垛”装饰，为潮州寺庙典型做法。
4. 步口梁与柱子形成T形，为潮州建筑特有做法。
5. 梁上直接承斗，是潮派建筑常用技巧。
6. 潮派建筑正面常做成砖石墙。

左天井的龙墙装饰

1

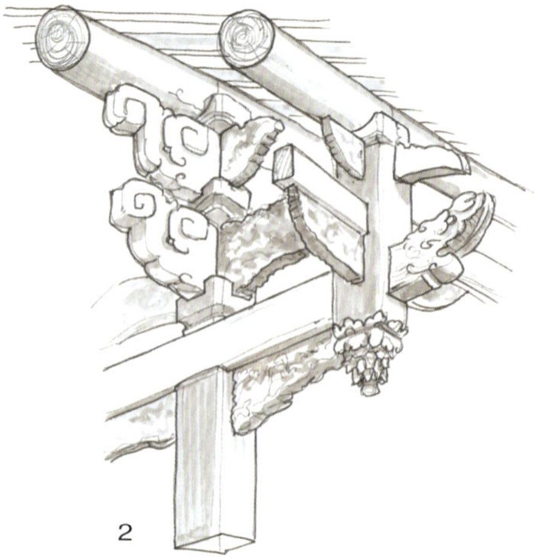

2

1- 前殿步口栋架束材雕刻繁复，门扇墙面却又朴拙，皆潮派古建筑的特色

2- 台南三山国王庙前殿步口栋架细部图

前殿步口石柱与横梁形成特殊的 T 形构造，斗直接骑在横梁上，下无斗座，与台湾常见的闽南手法截然不同

典型潮派建筑在台湾

台南三山国王庙初创于 1742 年（清乾隆七年），由在台的粤东官绅倡建，1776 年再扩建，逐渐形成一座大庙。其格局为三庙并列，同时奉祀三种信仰，并设护龙与后殿，兼具敬神崇拜与商民议事、住宿之功能。

中轴上之主殿供奉三山国王神像，前设拜亭，与前殿形成“工字殿”，符合台湾南部常用之传统形式。左配殿供奉妈祖，右配殿奉祀韩文公——唐代韩愈曾被贬至潮州，政绩斐然，被后世地方人士供为神明，建祠纪念。在台湾寺庙史上，这座三山国王庙是现存最早的三庙并置之实例。

建筑形式十足反映了潮派风格之特色。它的墙体喜用白粉墙，只用泥塑装饰，拜亭左右可见龙墙虎壁。屋顶瓦作与闽南式建筑差异极大，系用灰泥包住筒瓦，呈灰黑色，与布满多彩剪黏装饰的屋脊互成对比。潮州匠师最擅长此道，其剪黏嵌瓷技艺冠于全台。

大木方面，入口屋檐下的梁与柱构成 T 形，多用矩形断面的梁枋，中脊下置双梁，斗下不用斗座（亦称斗抱）或两拱之间省却斗。这些做法皆为典型潮派特征。最值细加欣赏的是正殿栋架上的花鸟木雕，精雕细琢工艺亦为潮派独门手艺。梁枋及瓜筒虽经后世重漆，但仍可见黑底“擂金”（泥金）及“安金”（贴金）之技巧。中梁隐约可见清光绪十三年（1887 年）重修之年款记录，这些在其他古寺庙中较为罕见。

1- 台南三山国王庙中轴主殿供奉三山国王神像，左配殿供奉妈祖，右配殿奉祀韩文公。此为器宇轩昂的韩愈像

2- 台南三山国王庙屋顶曲线较缓，但屋脊的剪黏装饰满溢于脊堵，迥异于台湾的其他寺庙

3- 三庙并列，以花瓶形门洞连通左右配殿

4- 正殿栋架梁枋及瓜筒虽经后世重漆，但仍隐约可见黑底“擂金”及“安金”。值得注意的是，梁下不用“鸡舌”，采用双中梁，中梁还可见清光绪十三年重修之年款记录

5- 墙体喜用白粉墙，并用浮雕装饰，表现出潮派建筑特征

6- 正殿步口栋架亦可见木通梁与石柱产生的 T 形搭接

台南 | 祀典武庙

从前殿、拜亭、正殿至后殿，朱红色山墙连续不断。

年代：1690年（清康熙二十九年）修建
地址：台南市中西区永福路二段229号
方位：坐北朝南

关公的信仰在隋朝普遍出现，至唐朝已有文武庙并祀的情形。对民间来说，关公的地位不亚于孔子，除了关公乃忠义之士外，也因为传说其首创账册，所以一般商家都以他为守护神。而早年台湾的城市，也以配备官方衙门、社稷坛和城隍庙、孔庙或关帝庙等重要政治及宗教建筑的兴筑完整，来代表市街发展的成熟。

台南很特别，旧城区内在古代就有两座关帝庙，而且位置邻近，依规模分别称为大关帝庙、小关帝庙，两者均创建于明郑时期。其中大关帝庙在清初由官方晋升为祀典武庙，它是台湾建筑史中极具特色的作品。日据时期由于拓宽道路，庙埕被缩小，但侧面山墙却完全暴露出来，从前殿、初拜亭、两廊、再拜亭、正殿到后殿一气呵成的连续山墙，能同时映入观者眼中。其高低起伏、急缓转折且主从有序的天际线划破长空，形成雄伟壮丽的气势，是祀典武庙给人最深刻难忘的印象。

祀典武庙正殿　纵剖透视图

祀典武庙供奉关圣帝君，为展现其威武肃穆之精神，正殿建筑极为高大，采用重檐歇山式屋顶。本图可见较为罕见的设计，即正面下檐做卷棚，并且衔接前面的拜亭，形成连续的双峰屋顶，拉长祭拜空间之深度。

1. 正殿采用“三通五瓜”式栋架。
2. 排楼中的“三弯枋”与斗拱。
3. 神房。
4. 拜亭多采用偶数桁木的卷棚顶。
5. 暗厝介于上下檐之间，但并未封闭。

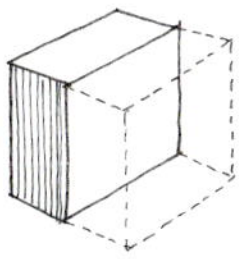

纵剖二分之一式

神房内极具武将威仪的关公坐像

1– 祀典武庙前殿

2– 祀典武庙是一座以连续不断的朱红色山墙将前殿、正殿与后殿串联起来的庙宇建筑，供奉关帝爷及其祖先，以硬朗高耸的殿堂体现武庙应有的气势

祀典武庙鸟瞰剖面透视图

祀典武庙为三进两院落格局，前殿与正殿之间由廊之高墙廊连接，地基及屋顶高低配合殿宇的重要程度而变化，整体气势雄伟，却又不失古庙静谧的气氛

随着神格晋升而扩张格局

祀典武庙创建的确切年代不详，但史料记载，1690 年（清康熙二十九年）台厦道王效宗整修，并扩建奠定了今日所见之格局。后来随着关公地位的提升，武庙经过多次增修，祖辈三代亦被敕封公爵供奉于后殿（三代厅）。庙左侧曾建有更衣厅，庙前有埕，亦建有戏台，可能在日据初期被拆除。现况虽为 1933 年大修之结果，但正殿的主要结构仍多为清初原物，格局未失，而且其石鼓、石柱、木柱等也皆为早期原物，非常难得。

前殿入口位于中脊正下，门扇上有门钉装饰，显示出主祀者的特殊身份

形式与细节均保留清初特色

祀典武庙坐北朝南，诸殿均为三开间，夹峙在山墙之间，但进深很长，这是明郑时期及清初城市内的寺庙特色，因为受到建筑基地限制，多采用狭长街屋式平面格局，扩建时多数往纵深发展，而不设护龙。

前殿为硬山重脊顶，特别之处为入口门扇位于中脊正下方，如此设计使得内外空间一分为二，前后屋架都是“二通二瓜”式。前步口非常宽敞，弥补了如此高的神格却采用三开间面宽的局限。殿后面接有卷棚顶，其深度甚至大于架内，可充当戏台。

正殿采用重檐歇山顶，其屋架结构最值得重视。屋架梁枋穿过山墙，在墙外形成斗拱，以承上下出檐，山花上亦出现锚的纹样。最特别的是正面下檐向里伸入，转成卷棚，如此可使上下檐间留空，实现引入光线或排出烟气之效。这种做法实即省却暗厝，因此从室内看，竟有屋顶之上又架一个屋顶的夹层之感，误以为屋顶更高、空间更大了。屋架的细部构造亦具特色，排楼斗拱及枋材皆疏朗壮硕，简洁的葫芦拱及关刀拱均是清初建筑之特色。殿前又接一座卷棚式拜亭，结构与大殿相搭，形成一组复合式的屋架。

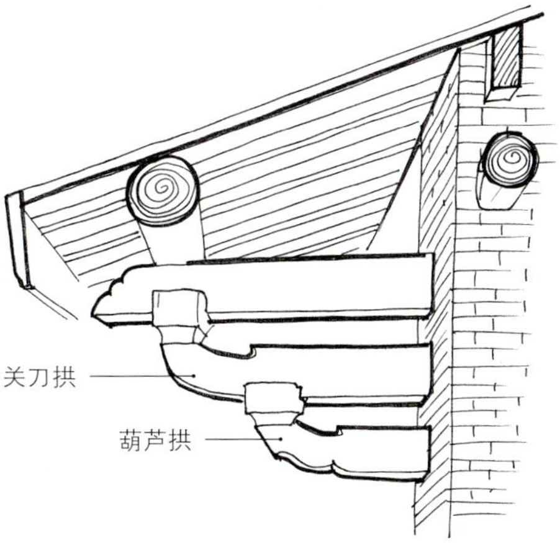

关刀拱和葫芦拱示意图

祀典武庙前殿剖面图

前殿于前步口留出很大的空间，后面带有六架轩亭，这些都是它的特别之处

台南 | 大天后宫

从明代王府改为天后宫，依斜坡地形而建，拜殿及正殿高耸壮丽。

年代：1818年（清嘉庆二十三年）大修
地址：台南市中西区永福路二段227巷18号
方位：坐东朝西

台南大天后宫原是明末宁靖王朱术桂府邸，附建园林。宁靖王号“一元子”，故府邸又被称为“一元子园”。除了妈祖之外，也配祀五文昌帝君及观音菩萨等，是一组规模宏大的建筑。清康熙年间施琅攻台，相传得妈祖相助顺利登台而奏请建庙，于是改建王府府邸。是故它与一般寺庙略有不同，特别是在拜殿与正殿的形式上。

常见寺庙正殿与拜亭两者相连，台湾南部寺庙更多用工字殿，即在两进之间再建亭或廊相连，使出入不受天气影响，从上空看有如“工”字。但台南大天后宫的正殿建在高陛之上，正殿与拜殿各自独立、结构互异，两殿之间留设天井，以便通气采光。由于天后宫系自王府改建而来，合理推测，这座高规格的重檐歇山顶拜殿，原本可能为宁靖王府的花厅，作为会客之用。后殿供奉宁靖王牌位，应是其寝宫。

大天后宫正殿与拜殿　纵剖透视图

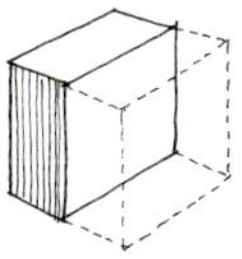

纵剖二分之一式

本图可见高耸的拜殿屋顶采用偶数桁木的卷棚式构造，它的栋架左右前后皆对称，结构四平八稳，重檐式屋顶呈现秀丽之美。正殿原为宁靖王府之正堂，台基较高，左右设石阶连接拜亭。通过本图，还可体会三座大小不同的建筑展现出的高低、主从、尊卑秩序之合理设计。

1. 这是台湾最高敞壮丽的拜殿，采重檐歇山式屋架。
2. 青斗石龙柱。
3. 为使上檐较小，将明间升高，让四点金柱直接承担山墙重量。
4. 上檐采卷棚顶，因室内空间较高，大通梁下多加一横枋。
5. 名匠陈玉峰彩绘作品。
6. 正殿与拜殿之间的石阶覆以小亭。
7. 石雕螭首。
8. 正殿筑在高台之上，相传为明郑时期宁靖王府之正堂。
9. 正殿架内采用“三通五瓜”式屋架。
10. 妈祖神像。

- 1- 前殿近年修缮时，于硬山顶上再加一层歇山顶，成为假四垂的形式
- 2- 前殿采用不对称的“三通三瓜”式栋架
- 3- 正殿台基的石雕螭首
- 4- 正殿内的金面妈祖像
- 5- 大天后宫仰之弥高的雄伟拜殿，视觉上遮蔽了正殿，极为罕见

从前殿向后望，拜殿一览无余，特殊的形式保留了原宁靖王府的历史情境

从王府转变为妈祖庙

1683 年（清康熙二十二年）率军攻台的施琅以妈祖助战之缘由，奏请将宁靖王府改为妈祖庙，加封妈祖为天后，乃正式改名为大天后宫。至 1740 年（清乾隆五年）后殿增建左右厅，1775 年（清乾隆四十年）知府蒋元枢再修，之后有过多次修缮扩建，但在 1818 年（清嘉庆二十三年）遭祝融之灾，历经十多年的大修后才成今貌。今日在天后宫内，信仰与历史交替隐现，我们仍可通过想象，在脑海中复原明末王府的情境。

宏伟的拜殿成为视觉焦点

大天后宫依势而建，坐东向西，面向台江，背倚山丘，因此从前殿瞻仰正殿与后殿，呈弥高之势。虽面宽只有三间，但前后四殿却使参拜者感受到步步高升的气势。

前殿原为单檐，但近年被加上一层歇山顶，成为重檐，因而屋顶的重量增加。最具特色的是正殿前的拜殿，它是独立的建筑，未搭附在正殿檐下，崇高的柱子将拜殿的明敞庄严展现得淋漓尽致。这是全台最雄伟的拜殿，面宽三间，次间不施卷棚，明间升高成为上檐，其山墙重量直接落在四点金柱上。这种大木技巧使上檐较小，反而可在中庭将殿内陈设一览无余，为台湾建筑史上年代最早之实例，弥足珍贵。正殿采用较简洁的硬山顶，其风采完全为拜殿所夺。

至于石雕部分，前殿步口的对看堵、麒麟堵、抱鼓石、门枕石等，多为难得一见的精品；拜殿的一对龙柱为青石所雕，造型劲健，雕纹犀利。圆柱上只雕蟠龙与云朵，不置人物，这也是清代中期作品之特色。近年大天后宫又陆续增添一些石雕，就整体而言仍属协调。

台南 | 台南孔庙

象征台湾文化教育之肇始，涵盖儒家与道教之建筑，多次扩建。

年代：1665年（明永历十九年）创建
地址：台南市中西区南门路2号
方位：坐北朝南

台南孔庙是儒家文化在台湾生根的象征，始建于明郑时期，历经清代至今天，格局与建筑特征基本上一脉相承。它将孔庙、学校与道教信仰并列，成为规模宏大的建筑。

初创时只有以大成殿为主的中轴线建筑，入清之后陆续扩建，东侧增建了朱子祠、文昌祠与魁星阁，西侧增建了学廨。全盛时期，穿越东南的泮宫坊，从大成坊进入后，可见到四组并列的建筑群，是台湾规模最宏整的儒学。

但日据初年，台南孔庙被充为近卫师团的医院，文昌祠、朱文公祠与西畔的学廨皆被拆除，甚至棂星门、礼门及义路的围墙倒塌后也未复建。因此，我们今日所见的台南孔庙与清代石碑所刻的配置图相比，建筑其实只剩约一半而已。

台南孔庙　全景鸟瞰图

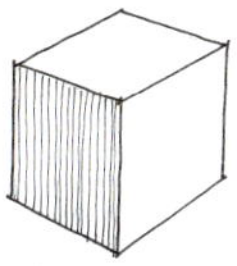

全景鸟瞰式

本图所绘是现存建筑物的样貌，最东边为泮宫石坊，进入大成坊之后未见墙垣，礼门与义路空荡荡地伫立在前院中，而邻近泮池的棂星门也阙如。但以大成殿为核心的主轴空间仍保存完整，东侧的明伦堂及魁星阁主要建筑亦尚在。

1 泮宫坊。
2 大成坊。
3 礼门。
4 义路。
5 泮池。
6 仪门（大成门）。
7 节孝祠、孝子祠。
8 名宦祠、乡贤祠。
9 丹墀。
10 大成殿。
11 东庑。
12 西庑。
13 崇圣祠。
14 入德之门。
15 明伦堂。
16 魁星阁。

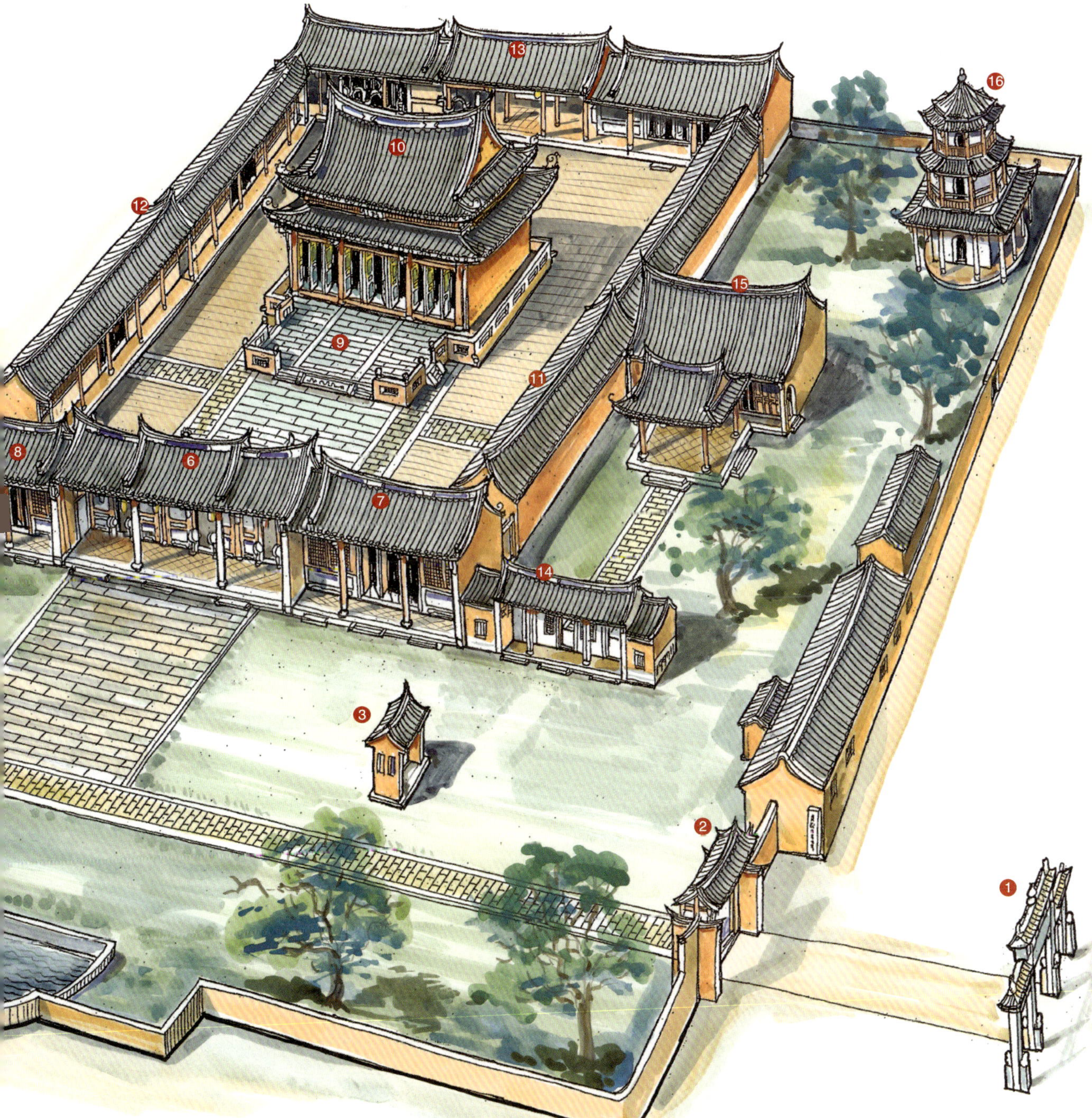

1- 东大成坊上悬“全台首学”匾
2- 台南孔庙是全台拥有最多皇帝赐匾的礼制建筑

台湾孔子庙之始

台南孔庙是台湾文教之始的象征，创建于 1665 年（明永历十九年，即清康熙四年）。初建时尚未盖瓦顶，入清之后，于康熙年间大修，才易茅以瓦。孔庙建于府城南门内，古代朱雀方位（南）主文运昌隆。至清乾隆年间，东南巽位有泮宫坊；从大成坊进入后，自东向西依序有南北向的四组建筑，分别是魁星阁、明伦堂、孔庙与学廨。而主轴孔庙之前置礼门与义路，经礼门才可到达仪门（大成门）与大成殿；仪门正前方还有棂星门与泮池。

现庙之位置、格局、方位与清康熙、乾隆年间大修之后，乃至初创时的形态，大体上变化不大，周围环境也保存良好。现存几座建筑在 1917 年的大修中略遭修改，其中以仪门的结构改得最多，至于大成殿，依其结构形式及各构件之细部造型来看，应只是抽换部分材料之整修。不过，20 世纪 70 年代首次针对大成殿及魁星阁的解体大修，更换了较多的构件。

台南孔庙大成坊　掀顶横剖透视图

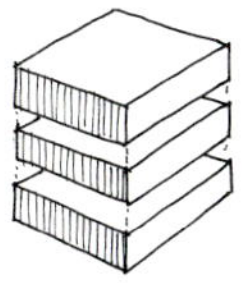

平剖三分之一式

大成坊是台南孔庙的外门，东西方各设一座，并且与孔庙中轴成直角，显示对高规格孔庙的尊敬之意。大成坊是一座类似牌坊的门，它的形制可溯源至唐代的“里坊门”。

台南孔庙大成坊最突出的特色是双柱被埋入十字形厚墙内，墙顶屋檐上并出燕尾屋脊，前后左右共出现六条燕尾，造型秀丽与昂扬之气并存，为台湾仅见。本图采用提顶分解画法，将悬山式双坡顶向上提高，可清楚展现梁架与斗拱结构，还可同时见到十字形朱墙与墙顶的六条燕尾脊。

1. 悬山式（双导水）屋顶。
2. 檐板。
3. 中脊桁。
4. 吊筒。
5. 十字脊燕尾，这是台湾罕见之例。三条燕尾脊相交成双十字，共有六条燕尾指向天空。
6. 十字墙有利于强化构造，使大成坊更稳定。
7. 门楣悬挂“全台首学”匾额。

三层平面各不相同的魁星阁

三轴线的建筑配置

现位于台南孔庙东侧市街口的泮宫坊，属四柱三间式的石牌坊，因为采用花岗石建造，故可说是孔庙保留原构件最完整的建筑物，亦具清乾隆年间的古朴风貌。大成坊有东西两座，是以双十字厚墙拱卫着木构屋顶的墙门，造型全台仅有。进入其内，现在仅剩三组轴线建筑群：东侧的魁星阁楼高三层，平面由方转圆再转八角形，前方的朱子祠已然不存。中间一组有造型简洁、五开间的“入德之门”，以及第二进前带四柱轩亭的明伦堂。第三组建筑群则是台南孔庙的主轴。前方泮池与仪门之间，近年挖掘到疑是棂星门的遗构，因为已毁，故仪门成为孔庙的主要入口。其面宽虽只有三开间，但加上左右的节孝祠、孝子祠

大成殿独立而设，显得巍峨壮观

及名宦祠、乡贤祠，面宽达九开间。进入其中，由东西庑与崇圣祠围合的院落宽阔庄严，正突显出大成殿的巍峨。

大成殿虽历经多次修缮，仍保留有清初之形貌，可列为台湾建筑史上之宝贵遗产。其构造方式与台南武庙相同，即硬山墙直上，山花与山墙是连续一体的；上檐及下檐之出挑，由殿内次间延长穿过山墙的梁枋来支撑，这种形式显得较硬朗。重檐歇山顶的另一种形式是四面走马廊式，即宋《营造法式》所谓的“副阶周匝”，如清中期的彰化孔庙及清末期的新竹孔庙。但类似台南孔庙大成殿的结构形式在清中叶之后就不再出现了，因此更显得珍贵。

台南孔庙大成殿 纵剖透视图

大成殿位于孔庙中轴线上核心位置，供奉至圣先师孔子牌位，其建筑反映了清初台湾重檐歇山顶之诸多特色。本图从中轴线切开，可以见到大殿进深为三间，架内采用“三通五瓜”式，栋架疏朗，瓜筒较小。而正面下檐实为卷棚顶，上下二檐之间留出空隙，有利于通风，因为保持梁架干燥才能耐久，此为极高明之技巧。

其次，这座台湾最古老的孔庙大成殿，不设走马廊，朱红色山墙直接穿透下层屋檐，外观显得朴拙而硬朗。这与后来的彰化孔庙、新竹孔庙、宜兰孔庙及台北孔庙等大异其趣。

大成门栋架，殿内未置瓜筒，但后檐口设置前后两层吊筒，增加变化

台南孔庙大成殿屋脊与通天筒细部图　大成殿屋顶燕尾处的通天筒，为孔庙特有的脊饰

❶ 中脊桁为一座建筑中最高的木构件，它是上梁典礼的象征物。梁上绘太极八卦图案，古人相信具镇宅避邪作用。

❷ 使用脚短的瓜筒是清初建筑的特点。

❸ 排楼用三弯枋及“一斗三升”斗拱。

❹ 神龛内供奉至圣先师孔子牌位。

❺ 后点金柱。

❻ 前点金柱。前后左右四点金柱为一座建筑中最核心的支柱，象征支撑天盖。

❼ 门楣。

❽ 台南孔庙的下檐与上檐出挑长度相近，皆以山墙伸出斗拱支撑，这是较早的做法。

❾ 卷棚之上设暗厝，形成两层屋顶。

❿ 大通梁。

⓫ 二通梁。

⓬ 三通梁。

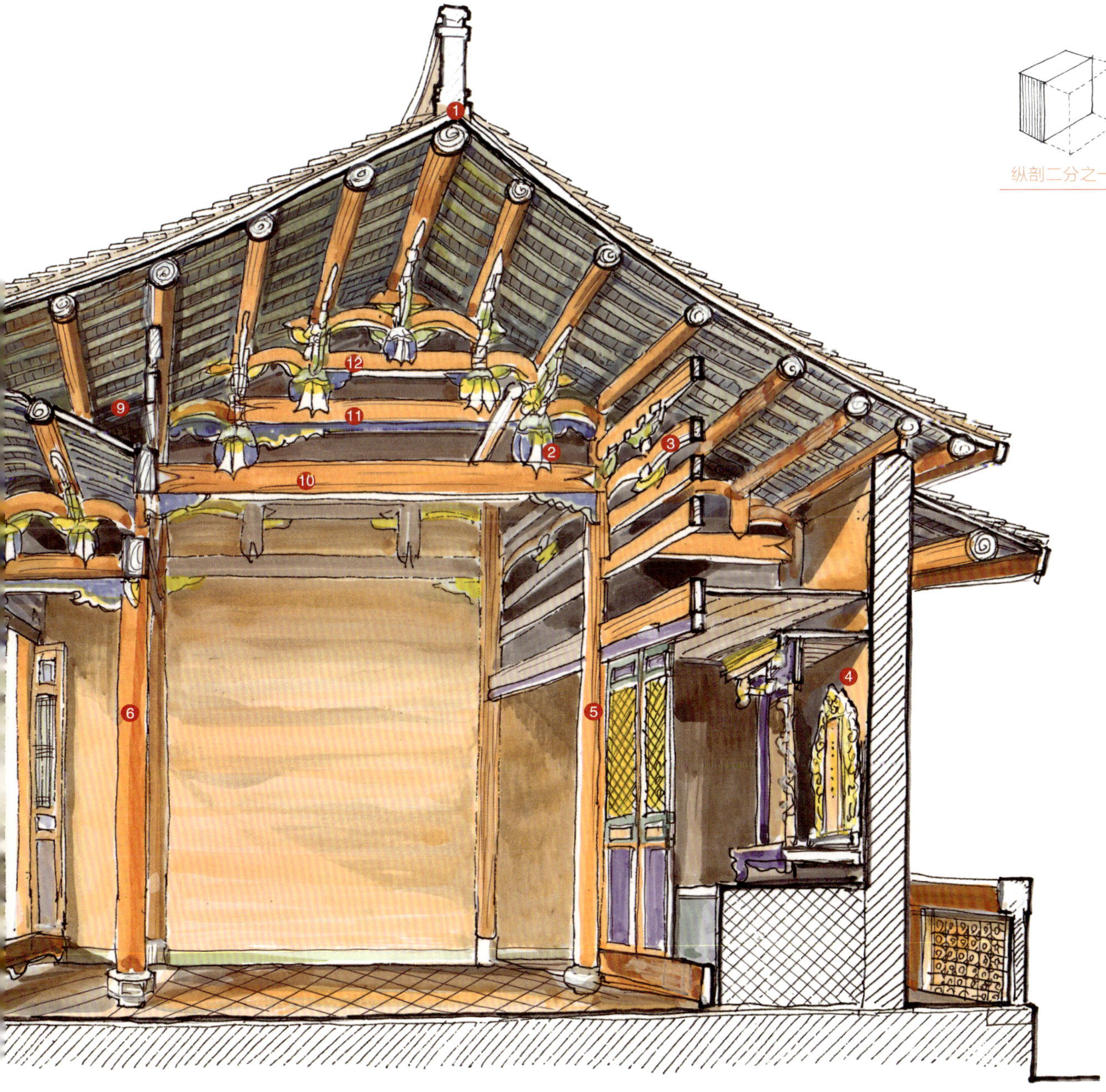

纵剖二分之一式

城塞

新北 | 淡水红毛城

现存 17 世纪荷兰人所建城堡中较完整保存原貌者，内部全为穹隆构造。

年代：1629年（明崇祯二年）创建
地址：新北市淡水区中正路28巷1号
方位：坐北朝南

大航海时代，西欧国家以贸易为目的探索亚洲，西班牙及荷兰这样的海上霸权国家相继侵占台湾。他们为了自身防卫，在台营建城堡，而淡水红毛城就是17 世纪西洋海上霸权国家所建古堡中，离欧洲最远且保存最完整的实例。它是经过遥远航行而引进的欧洲古堡，虽然规模不大，但主体结构几乎仍属初建之物。据荷兰东印度公司的《巴达维亚城日记》所载，当时因材料运输不易，工期曾遭延宕。

红毛城原始用途为炮台，内部全用穹隆的无梁构造，二楼内部设炮座，炮管从厚墙的洞口伸出，原有金字塔形的屋顶。至 19 世纪，由英国人改造为领事馆办公楼，底楼分隔出关囚犯的牢房。近年修理时发现，原有炮洞在当时被填塞，但大部分墙体仍为 17 世纪原物，厚达 2 米。构造方面，只有拱券使用红砖砌成，其余部分填以石块，对于研究荷兰人在台湾使用的建筑技术有极高的价值。

淡水红毛城　解构式剖面透视图

本图为英国人改建之后的实况，采用剖开一角的剖视画法，显示出红毛城内部构造及空间关系。它共有两层，上层两个筒形拱与下层两个筒形拱方向互相垂直，更有利于建筑构造之稳固。

1. 以石拱支撑并突出城墙的小碉堡，有利于扩大视角。
2. 石条铺顶的雉堞。
3. 二楼为双筒的穹隆构造。
4. 二楼入口。
5. 19世纪由英国人增建的砖造露台。
6. 上露台的石阶。
7. 19世纪作为英国领事馆时所改建的牢房。
8. 最初为炮口，19世纪改为窗子。

纵平剖四分之一式

荷人改建之淡水红毛城复原示意图
荷兰人改建后的红毛城，原有金字塔形的屋顶及二楼的炮座。此为依据当时资料所绘的复原示意图

17 世纪创建的西式城堡

红毛城位于淡水河口北侧的小山头上，前身乃西班牙人于 1629 年（明崇祯二年）创建之“圣多明哥城”（San Domingo）。据文献所载，初时所筑之城塞虽为方形，但结构较简单。荷兰人驱逐西班牙人之后，深感军事地位重要而大规模重建，并于 1644 年（明崇祯十年）五月七日奠定第一块石头，材料多自外地运来，施工者则是中国的工匠。不过修建过程不是非常顺利，迟至 1646 年才完工，称为安东尼堡（Fort Antonio）。由于当时荷兰人被称为红毛番，故荷兰人所筑之城俗称为“红毛城”。

明郑时期红毛城长期荒废，直到 1681 年（明永历三十五年，即清康熙二十年）守将何祐略加整修。1724 年（清雍正二年）淡水厅同知王汧又在外墙上增建四座城门，将之视为炮城，不过现在只有南门保留下来。至清代中期，可能因为中国守军不习惯使用西式城堡，故而荒弃不用。1867 年（清同治六年）英国与清廷订立《红毛城永久租约》，将领事馆办事处设于红毛城内。为了使用方便，英国人除了对红毛城进行增改建，还于东侧加建了两层楼的领事官邸，逐渐成为今日所见的红毛城。

淡水红毛城内部组织分析图

红毛城的上下层拱顶角度相错，为以半圆拱构成的筒状结构

淡水红毛城外观。角隅以石梁出挑的碉堡具有眺望功能，可能为1868年之后英国人所加建

西班牙、荷兰城堡合体，加英国风格

红毛城主堡平面呈正方形，每边长约 15.25 米，楼高约 13 米，依剥落外壁观察为外石内砖的构造。内部分为两层楼，采用牢固的穹隆结构，最大特点是上下两层的双筒形拱顶方向互相垂直，充分发挥其防御特色。这种做法是否源自西班牙传统，颇值得研究。

屋顶平台四周设雉堞，是用来射箭的城垣，而对角以石梁出挑的小碉堡，则是加强防御功能的设施。19 世纪在英国的租借与经营下，红毛城墙面粉刷朱漆，一楼分隔为四室，其中两间是牢房，西侧并设有高围墙的放风院；二楼亦隔为四间，作为办公的空间。南面红砖露台、角隅碉堡及梯形雉堞，可能为英国人所增建。再加上 1891 年（清光绪十七年）建的红砖洋楼，更为淡水红毛城增添浓浓的英国风情。

淡水红毛城英国领事官邸正面全景透视图

二层楼的领事官邸洋楼，出自上海工部局之设计，为19世纪英国维多利亚式的红砖建筑

台北 | 台北府城承恩门

完整保存的清代台北府城之城门，为防火炮而采用碉堡式设计。

年代：1882年（清光绪八年）创建
地址：台北市中正区忠孝西路、延平南路、博爱路、中华路交叉路口
方位：坐南朝北

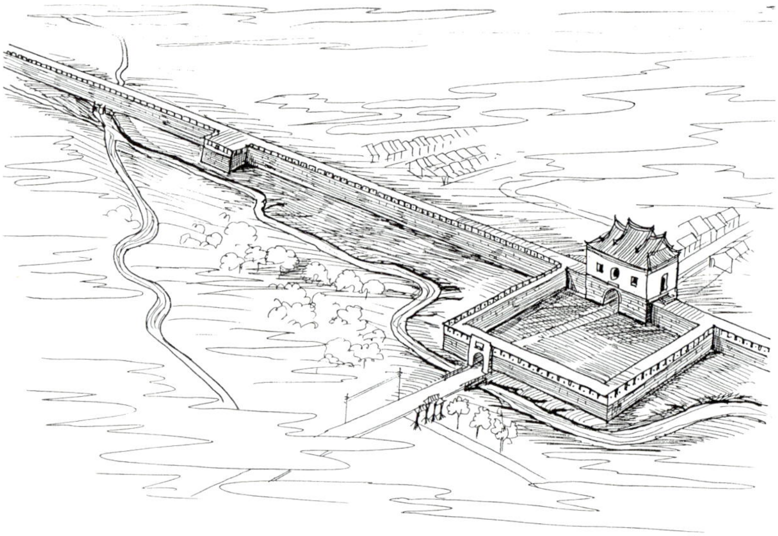

台北府城北门段复原鸟瞰图
清代时北门楼左右的门洞连接城墙马道，城外还设有矩形瓮城。瓮城门额为“岩疆锁钥”，显示其加强城池防御性的功能。可惜周围城墙与瓮城都因近代都市的规划而被拆除

1884 年（清光绪十年），台北府城耗时三年终于竣工，原共设五座城门，现今除了北门外，其余皆在近代被拆除或改建。北门门额“承恩门”，据考证可能出自主事规划兴建的台北知府陈星聚之手。它不但外观保存完整，室内的梁柱及门洞的铁皮城门皆为原物，实在难得。

承恩门四面双层厚墙，只辟留小窗与窄门。外观封闭厚重的城门，反映了枪炮时代碉楼设计的特点。登上城楼内部，可见到中梁仍绘太极八卦图案，木构栋架为“三通五瓜”式，用材壮硕，雕饰适中；再朝地面观之，有一细缝可向下直接看到城门洞的铺石，推测可能为安放栅门或立闩之用，以保古时城门关闭后的安全。

台北府城承恩门　解构式剖面透视图

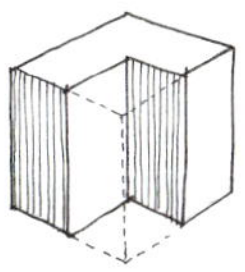

纵剖四分之一式

本图将承恩门的四分之一角切除，保留建筑的四分之三。如此绘法使北门的外观、特殊的双层厚墙构造、城座与城楼的关系、木栋架及旧有城门板的细部等，都能一一展现。

1. 灰色安山岩所砌厚墙。
2. 两层墙之间的回廊。
3. 四周回廊采用卷棚顶。
4. 城楼上的“三通五瓜”式屋架。
5. 四点金柱。
6. 城楼地面留有栅门石缝。
7. 城门木板外钉铁皮加固并具防火功能。
8. 外拱券较小，可增强防御能力。
9. 内拱券较大，采用“纵联石发券”。

1- 早年台湾古迹保存观念不足，导致北门很长一段时间处在两条高架桥的夹缝中
2- 2016年拆除周边高架桥，古城门终于恢复巍峨面貌

台湾现存少数保存原貌的清末古城门之一

台北在 1875 年（清光绪元年）设府，成为台湾北部最重要的政治文化中心，首任知府陈星聚擘画操办建城工程。不过因地基松软，工程并不顺利，后历经福建巡抚岑毓英、台湾兵备道刘璈再勘基址，终于在 1882 年兴建。至 1884 年中法战争时，台北府城池才勉强完工。这座台湾唯一的长方形城池，全为石造，极为坚固，城周长 1506 丈，走一圈有四五公里。城池共辟设五座各有特色的城门，并取了深具文化象征意义的名字，东门为“景福门”，西门为“宝成门”，大南门为“丽正门”，小南门为“重熙门”，而北门原设计朝向北极星，乃取名“承恩门”。

可惜的是进入 20 世纪之后，因拓宽马路而拆除了城墙及西门，东门、南门及小南门后来也被改建，唯有北门被完整保留下来。不过，因周边交通繁忙，北门曾长期被前后两条高架桥夹攻，在现代交通设施中苟延残喘。直到 2016 年终于拆除高架桥，才又还原古城门清光绪初年始建之原貌。

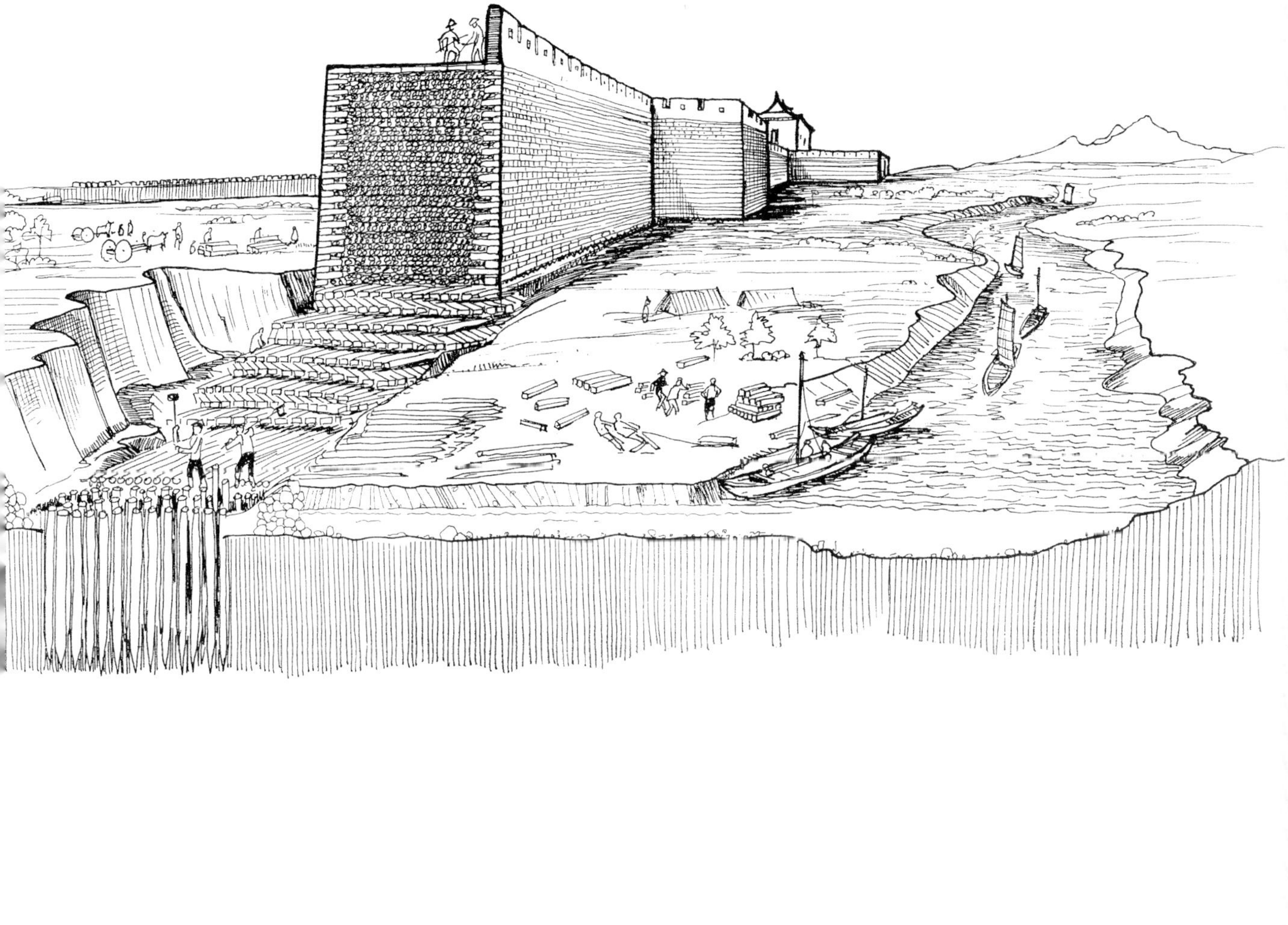

台北府城建造示意图

近年的考古挖掘研究发现了台北城基座遗构，城墙以特殊的木桩工法解决地基松软的问题

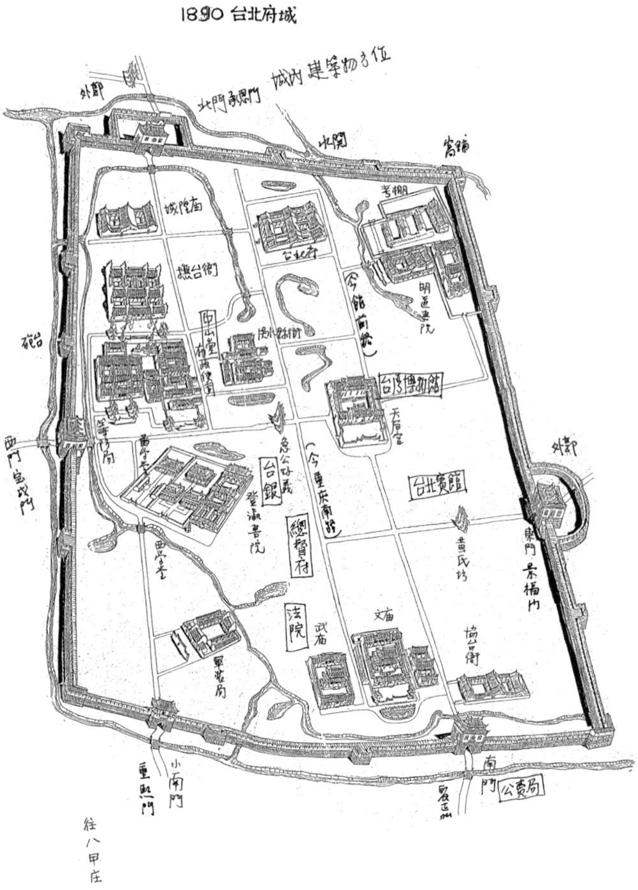

1890年台北府城复原示意图

可见完整的长方形城池

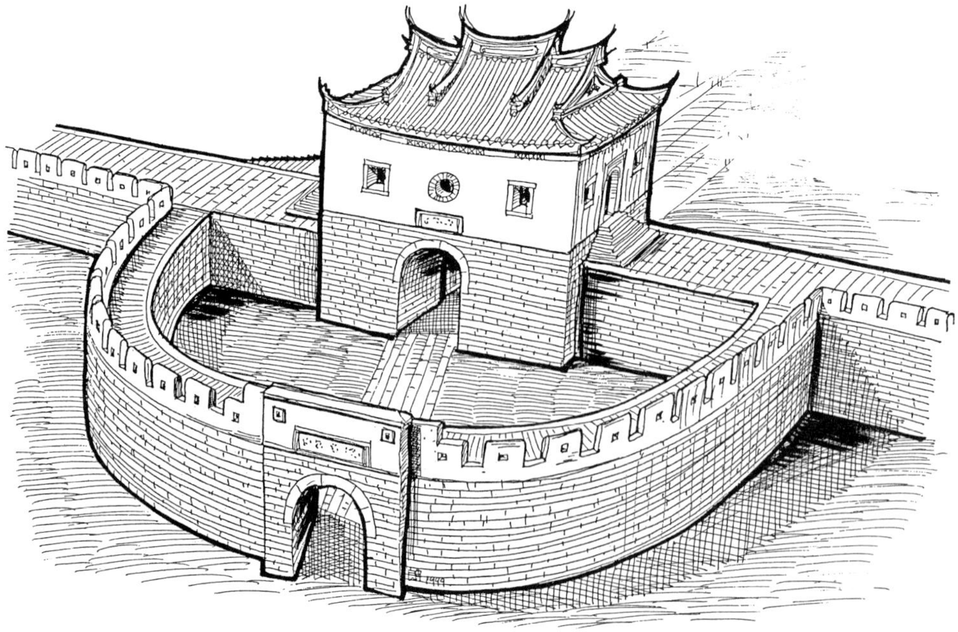

清代台北府城东门景福门全景俯视复原图

原来的东门与北门外观最为相似，不过它的瓮城呈半月形

台北府城小南门重熙门正面透视图
楼阁式的台北府城小南门

台北府城北门承恩门正面透视图
碉堡式的台北府城北门

1– 北门城楼回廊围绕四周，采用卷棚顶
2– 城楼木栋架的梁柱斗拱雄浑有力
3– 城楼中脊绘有太极八卦图

强化防御能力的碉楼式城门

清末火炮武器取代了古代的弓箭刀枪，台北府城因应时势，将东、南、西、北四座城门均设计成碉楼形式，仅小南门采用传统楼阁式。可惜存留的东门及南门于战后亦改建为楼阁式，有违设计原意，如此更显北门在台湾城池建筑史上的重要性。

北门外部全包以厚实的砖石壁，并且有两层，双层墙壁间的回廊围绕四周，平面有如“回”字，极为坚固。屋顶采用单檐歇山，屋脊呈燕尾形，向上翘起，翼角锋芒毕露。二楼室内仍为传统木结构，有四根金柱支撑，也可以看到雄浑的梁柱斗拱，中脊梁画的太极八卦图仍色彩鲜明。最可贵的是，城门圆拱内仍有两扇初建时的巨大铁皮门，至今仍大致完好，弥足珍贵。

台北府城北门承恩门掀顶剖面透视图

从二楼来看，北门的平面有如“回”字，具有双层厚实的砖石壁

城塞

新竹 | 迎曦门

仅存的清代淡水厅城门，构造可与当时文献史料比较。

年代：1828年（清道光八年）建造
地址：新竹市东区东门街中正路口
方位：坐西朝东

这座清代淡水厅时期所建城池唯一保存下来的城门，除了建筑本身的价值，更难能可贵者，在于清道光初年建砖石城垣时的筑城史料也被完整保存下来，现收藏于台湾博物馆，被称为《淡水厅筑城案卷》。这项史料后又被列入《台湾文献丛刊》重印，成为研究清代台湾筑城史之重要资料。

回溯中国古代建筑文献，宋李诫《营造法式》对城墙壕塞的石作有些记载，但独缺城门及城楼；明代的《鲁班经》只讲民宅寺庙，未提城门；明末的《园冶》专研造园；清初工部颁行的《工程做法则例》对城垣有详细规定，对城楼也有着墨。但像《淡水厅筑城案卷》这种清册却是罕见的。更重要的是，今天福建和广东一带府城、县城的城门仍完整保存下来的也如凤毛麟角，泉州、漳州的城门与城墙亦被拆除殆尽。据此看来，台湾仅存的几座清代城门楼就更显珍贵。而新竹迎曦门的意义，又不仅限于古迹文物之价值，更拥有学术研究之价值，其理自明。

迎曦门　解构式剖面透视图

论起这座城楼的结构，可以与清道光年间的文献史料《淡水厅筑城案卷》相对照。此卷记录筑城的材料种类、数量，以及经费，是古代的一种工程预算书。经过近两百年，我们据此一一比对屋架构件的名词，认为它的学术研究价值是毋庸置疑的。本图采用掀开瓦顶画法，将梁枋与斗拱完整呈现出来，以供读者深入观察。

1. 瓦筒，也称为筒瓦，风大的地方多用瓦筒压重。
2. 琴梁为虹形梁，也称为束木。
3. 束随仍保留，为木雕构件。
4. 木瓜筒。
5. 岁干，为角梁上之小梁。
6. 吊筒，即垂花。
7. 大楣枋，装门扇的门楣。
8. 圆光门，即拱门。
9. 角步通梁，即角梁。
10. 颜只砖，为一种平顺而较薄的红砖。
11. 八角石柱，前后共四根。
12. 大栿柱，即门槛。
13. 雉堞，也称为城垛，有射口及窥孔。
14. 大兴砖，为铺地之大方砖。
15. 女墙，清代著名文士李渔在《闲情偶寄》中有阐释。
16. 拱券门，以石条纵向排列成半圆的筒形。
17. 大石板，即大石条，迎曦门的石条为花岗石。

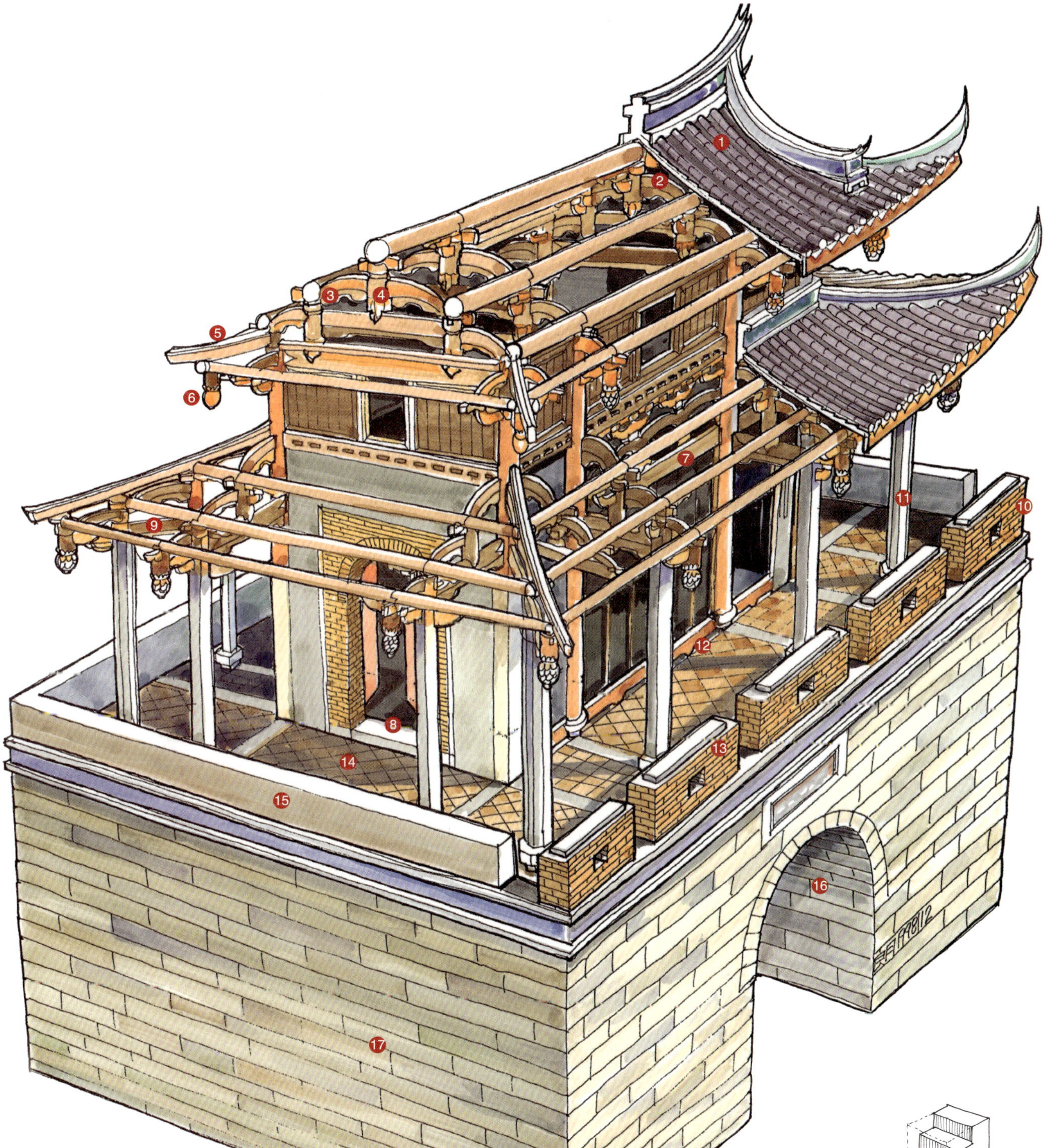

阶段剖式

1– 日据时期竹堑城的三座城门及城墙被拆除，仅存迎曦门孤立于道路圆环中
2– 近年重新整治了迎曦门的周边环境，还给古城门一个较受尊重的角色

修建文献与城门构造共存

清初台湾北部设淡水厅，厅治几经迁徙，后移入今新竹地区，并于 1829 年（清道光九年）建成砖石的淡水厅城，又称竹堑城。城池设有东迎曦门、西挹爽门、南歌薰门、北拱辰门四座城门，成为北台湾的政治中心。东门额题“迎曦”，落款“道光戊子季冬”，即 1828 年（清道光八年），是淡水厅城四座城门中仅存者，而且其台座及拱门皆为清道光年间原物，深具历史保存之价值。

《淡水厅筑城案卷》中所收录的史料至为丰富，包括筑城之前地方贤达郑用锡、林平侯之呈文，以及淡水同知、台湾知府、分巡台澎兵备道、福建布政使司及福建巡抚等官方单位的来往公文。其中，淡水同知造送工料细数银两清册内，包括竹堑捐建石城工程中的东、西、南、北四门，以及城墙、炮台、水洞、堆房、外壕及吊桥等。在台湾古建筑史料中，未见如此丰富而完整之第一手材料，详尽记录筑城的始末及建筑用语，包括材料名称、种类、规格、尺寸、数量乃至施工方法。对台湾古代建筑的研究，尤其是对技术史的研究，这份史料非常难得且珍贵。

台中小北门乾健门全景俯视图

台中乾健门格局较小，城楼仅单开间，采用单檐歇山顶，其规模可与新竹迎曦门做一比较

楼阁式城门的优良案例

新竹东门是清代台湾城池常见的楼阁式城门，城门座为坚固的石构造，城楼则是较轻盈的木结构。额题“迎曦门”，取旭日东升，城门迎东阳之吉祥寓意。城门经多次修缮，楼阁木结构虽曾被易以水泥（仅部分雕刻仍为木雕），但几乎全依原形式尺寸灌注，也是颇费功夫的技艺。城门座的石拱门全为花岗石构造；城楼是重檐歇山顶，屋脊曲线优美，其面宽三间、进深三间，外围一圈走马廊，室内采“二通三瓜”式栋架，左右墙开设圆光门，并且墙体直接拉高成为上檐的山尖，结构稳固。

台南 | 赤崁楼

台座为荷兰侵占时期所建，楼阁为清末所建，相距两百多年的建筑相叠并存，见证台湾历史。

年代：1653年（明永历七年）创建
地址：台南市中西区民族路二段212号
方位：坐东朝西

17世纪荷兰人进入台南后，先于安平地区筑造热兰遮城（Zeelandia，即安平古堡），作为行政中心，随着经营面积逐渐扩大，加上当地人不满的反抗事件等，决定再筑普罗民遮城（Provintia，又称普罗文蒂亚城，即赤崁楼）加强戒备。两城一东一西，巩固荷兰人在当地的经营管理。

普罗民遮城原台座上的荷兰洋楼在清末倒塌，后由地方官吏改为中国式楼阁，即为现今我们所见的赤崁楼，因此一般人很难想象其原来的形貌。20世纪30年代日本建筑家栗山俊一曾参考史料进行图样复原考证，推测荷兰式建筑外观形式。目前所见仅存两座古典楼阁，居中者为文昌阁，左翼为海神庙，右翼则只剩荷兰侵占时期之红砖台座。从历史观点看，赤崁楼之价值与安平古堡相同，为郑成功来台以前之古迹；就建筑学而言，其台座砖墙构造延续荷兰传统，砖拱以一砖半砌成，与清末的洋楼显著不同，具有时代意义。

赤崁楼　跨时代全景复原图

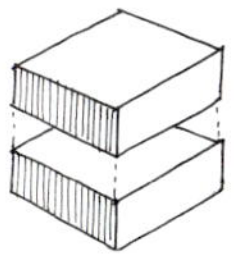

平剖二分之一式

本图绘出三座曲折的荷兰侵占时期所建台座，中央有一拱门，是古时的主入口，阶梯则是近代所增筑。左翼为海神庙，文昌阁居中。右翼的五子祠原供奉宋儒朱熹、程颢、程颐、张载和周敦颐等人的像，但楼阁倒塌未再复建，本图以虚化形式表示。其台座可见砖拱残迹，推测原应有木构造楼板。

1. 文昌阁。
2. 海神庙。
3. 荷兰侵占时期普罗民遮城的拱门。
4. 近代增建之砖砌阶梯。
5. 砖拱构造之上推测为木梁地板。
6. 今已倒塌之五子祠。

| 日据初期（1900年前后）的赤崁楼旧照，图中可见海神庙、文昌阁与五子祠三座楼阁并立

集三百年的历史于一身

普罗民遮城又称为普罗文蒂亚城，也就是现今的台南赤崁楼，最初由荷兰人于1653年所建。关于“赤崁楼”的名称由来，据说是夕阳西下时，城壁呈现赤色，但也有学者认为系平埔人赤崁社之音译。原来台座上建有荷兰洋楼，于1862年（清同治元年）倒塌。1884年（清光绪十年）知县沈受谦对其进行大改造，将台座上的荷兰式建筑残迹拆除，并改建为三座闽南式楼阁，计有海神庙、文昌阁及五子祠三座，五子祠1910年因台风倾倒后未再建。

目前所见的海神庙及文昌阁并非清末遗物，日据末期曾有一次木作的整修，但1963年却进行了破坏性的整修，所有屋架被易以水泥，结构系统不清，细部表现荡然无存，至为可惜。

荷兰人所建赤崁楼考证复原图
依据台湾府志及县志记载，以及日本人研究成果等，所绘制的荷兰人所建之赤崁楼想象图

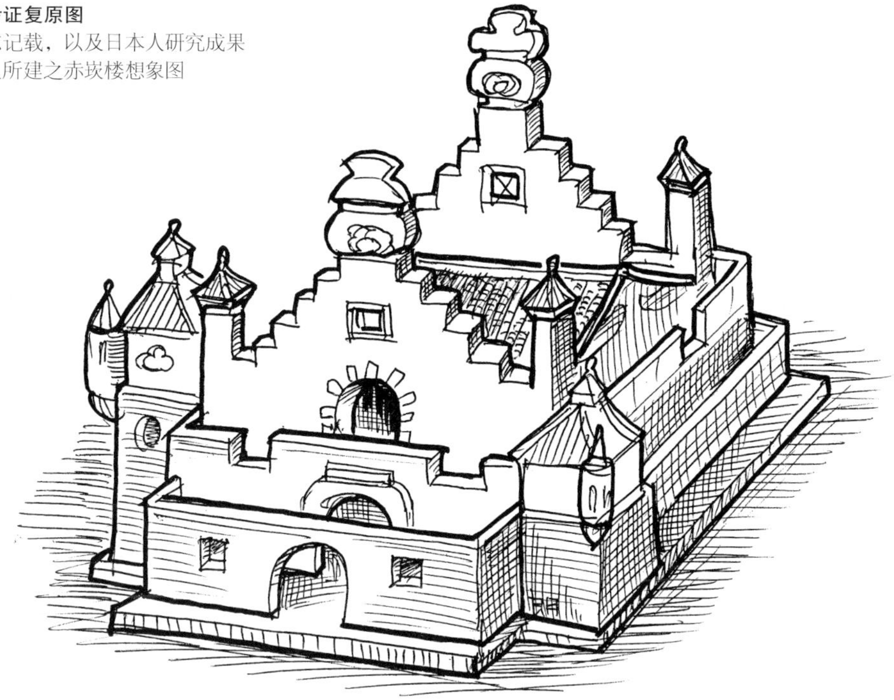

城楼沧桑，呈现中西复合的奇特形式

荷兰侵占时期所建的赤崁楼大台座尚存，颇似热兰遮城，两者同为台湾最古老的建筑物。赤崁楼的入口为半圆拱形，台座为曲折形平面，由三个正方形组成。构造材料据《台湾县志》记载，所用的灰土系以糖水糯汁调石灰而成，坚固如石，后人称“红毛土”。早已不存的荷兰洋楼，由历年史料及日本人的研究成果来看，可知具有阶梯状的荷兰式山墙（Dutch gable）及转角出挑的瞭亭。

台基上所建的清式楼阁，结构虽遭改变，所幸外壁仍保留斗砌法，屋瓦也使用传统板瓦，整个外貌仍予人古朴之感。在空间效果上，楼阁配合台基前后互相错开，虽然都面西（向海），但前后有序排列，富有层次感，产生了微妙的空间关系，在现存两楼之间徘徊即可体会之。登至楼阁二楼，透过轻巧的格扇窗，可获得远眺之趣，当可想象三百年前日落赤崁之画面。台座下又摆置原大南门下的赑屃碑，富有历史价值的文物为赤崁楼增添一些古意。这座结合了 17 世纪荷兰城堡台座与 19 世纪汉式楼阁之中西复合建筑，可说是台湾历史的缩影与见证。

赤崁楼海神庙　解构式剖面透视图

赤崁楼于清末被改建为三座汉式楼阁，北边的五子祠较小，南边的海神庙与居中的文昌阁较大，且平面格局相似。本图为海神庙剖视图，可以看到楼阁的特殊构造，底层四周回廊不等宽，这是为配合使用功能，正面设计较宽，而另三面较窄。左右墙壁向外移出，因此多出两根柱子来配合45度串角梁。这种柱位变化不但可以扩大室内空间，也可保持屋顶的对称性。

1. 上釉的瓶形栏杆。
2. 格扇门。
3. 排楼上的五弯连拱。
4. 莲花吊筒。
5. 屏风枋堘。
6. 四点金柱。
7. 花瓶门。
8. 台基。
9. 角梁后尾柱珠。
10. 御路。
11. 暗厝。

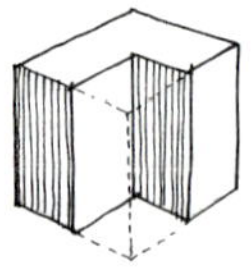

文昌阁与海神庙一样，前廊的宽度大于侧廊，故角梁采用错位法施作

2
3
4
5
11
6
7
9
8

台南 | 台湾府城大南门

完整保存半月形瓮城的台湾府城大南门，瓮城与城门呈斜角乃出自风水考虑。

年代：1882年（清光绪八年）创建
地址：台南市中西区南门路34巷32之1号后方
方位：坐北朝南

瓮城，又称附郭，是在城池重要城门之前所加筑的一道矩形或半月形城墙，以增强城郭的防御功能。其城门形式较为简单，门洞多不正对主城门，除了风水的考量，亦有利于防御。清代台湾所筑的诸多城池之中，设有瓮城的城门不少，如清末台北府城北门外有矩形瓮城，东门外有半月形瓮城，而位于台南的台湾府城，原五座城门均建有瓮城，如今只有大南门的瓮城保留，也是全台唯一的瓮城。

台南之前身为明郑时期之东宁府，当时无城墙，清乾隆年间将木栅城改为砖石及夯土构造。清道光年间，大北门、小北门、小东门及小南门也建瓮城。大南门为通往凤山之要道，因而城池固若金汤，不仅筑造瓮城，城墙上亦安置炮位。这些目前保存很完整，能充分体现清代台湾首府城池的宏伟气势。

台湾府城大南门　俯视图

本图采用鸟瞰角度，可以看到城门与半月形瓮城，两座城门错开呈斜角，此为古时典型之设计法则。城楼为重檐歇山顶，两翼凸出，作为供兵丁住宿的窝铺。有阶梯连接城墙及瓮城马道，若遇战事方便士兵调度。

❶ 重檐歇山顶城楼。
❷ 窝铺附建在城楼上，为守城士兵住宿之用。
❸ 马道为城墙上的走道。
❹ 主城门洞。
❺ 半月形瓮城。
❻ 基于风水理论，瓮城门与主城门形成斜角。
❼ 砖砌雉堞有窥孔与射孔。

全景鸟瞰式

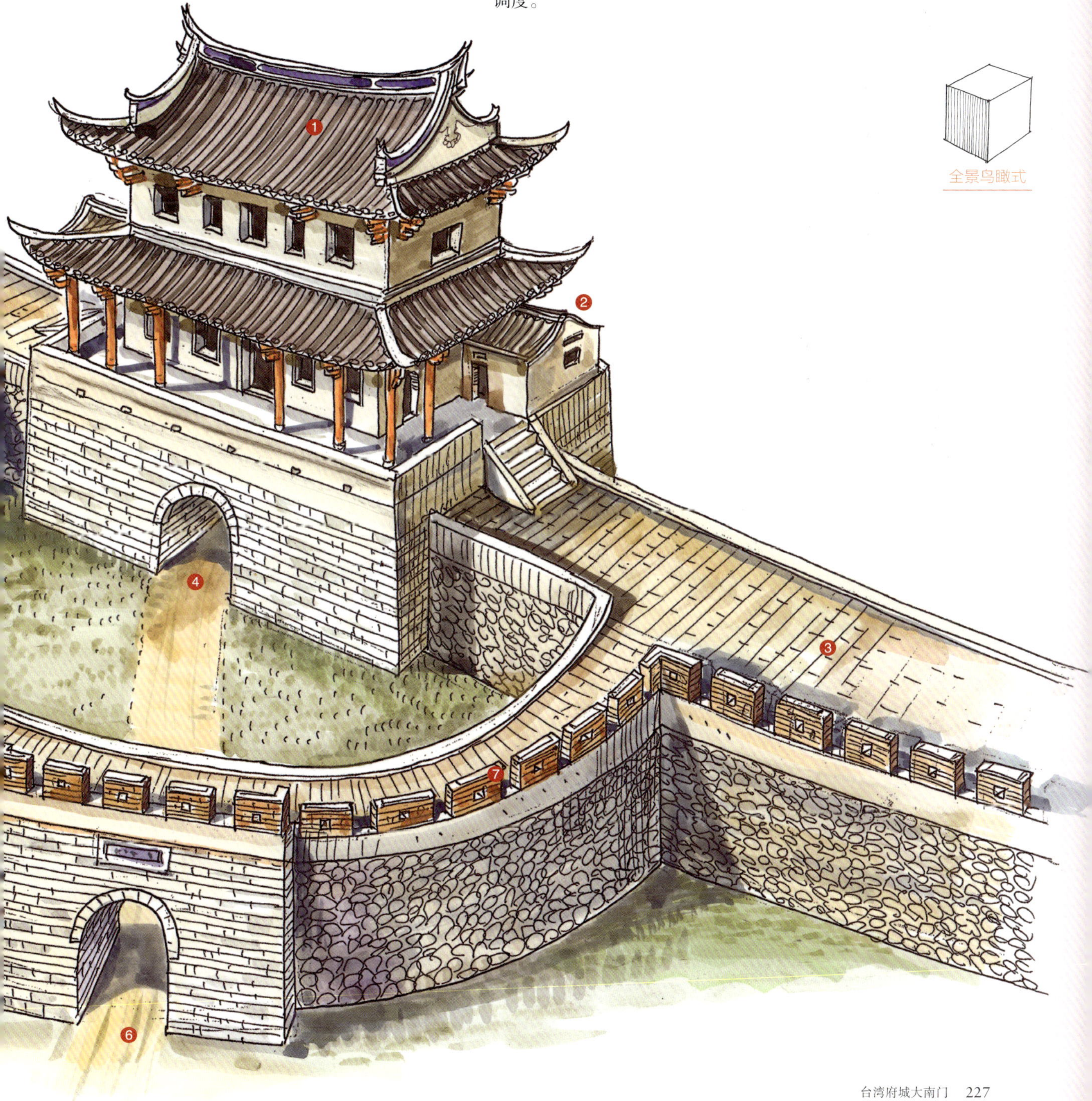

1– 日据初期大南门的瓮城门严重塌毁

2– 日据时期拍摄的台湾府城大南门（城门修复后），瓮城门旁立有一方石碑

3– 与日据时期老照片相较，台湾府城大南门现在整体外观保存完整，两者没有太大差异

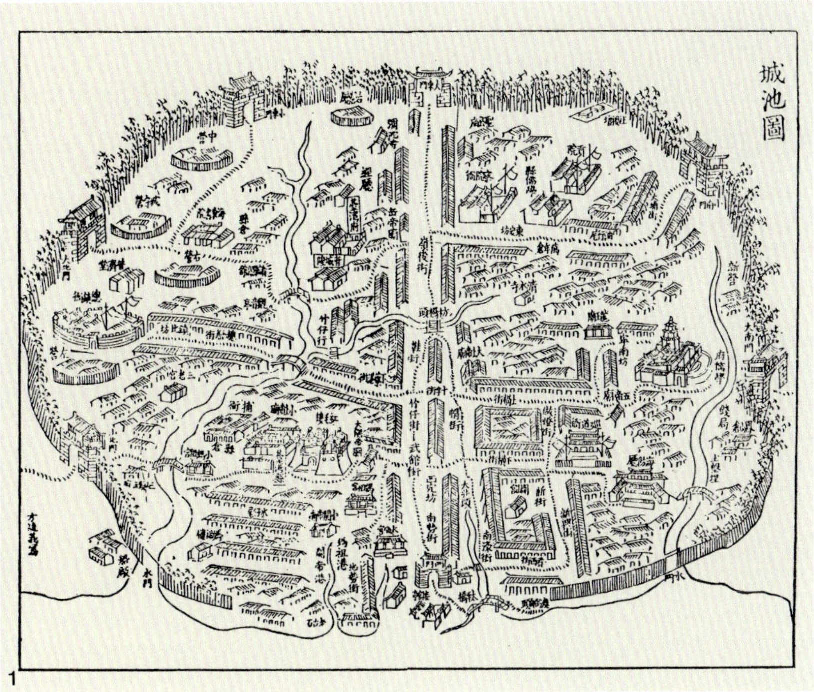

1- 清乾隆年间《重修台湾县志》所载之台南城池图

2- 日据时期的台湾府城大东门

3- 台湾府城大东门东侧门额题为“迎春门”，城楼在日据末期坍毁，近年又重建以维持旧观

坚守岗位不辍的清代大城门

台湾府城至1723年（清雍正元年）始建木栅围城，后陆续增建改筑，至1775年（清乾隆四十年）已有八座城门。较大的一次修建是1875年（清光绪元年）由钦差大臣沈葆桢奏建，城门与城墙皆用坚固的三合土与石条重修。其中大南门规模宏大，外附的半月形瓮城，据史载为清道光年间增建，但在20世纪30年代曾崩塌，后又修复，是台湾现存最完整的清代大城门之一。

台湾府城大南门额题“宁南门”，主要以花岗石为建材。城楼面宽三间、进深一间，采用重檐歇山屋顶，屋脊燕尾起翘，外观秀丽。它还有一个特色，是城楼两翼有凸出的窝铺，作为守城士兵之居所。半月形瓮城城墙多以硓𥑮石砌成，拱门额题“大南门”，仍为花岗石构造。它不与主门对齐，形成斜角，应是风水思想使然，因此从城外无法直视城内。城墙与瓮城朝城外的一侧设置整排的雉堞，即城垛，其上留设有方眼窥孔及射孔，适合弓箭手或枪手射击。与台湾多数城墙一样，雉堞以红砖砌成。

高雄 | 风山县旧城

保存城门、城壕、水关与炮台的台湾古城池。

年代：1825年（清道光五年）改建
位置：高雄市左营区兴隆段158之1号等

风山县旧城之建设，可谓台湾筑城史上之大事。18 世纪初的台湾南部，以府城（台南）为中心，北有诸罗县，南有凤山县，人口渐增，城市如雨后春笋。1719 年（清康熙五十八年）成书之《凤山县志》谓“无事之日，高枕可以无虞，苟或草寇窃发，高垒何在？深沟何在？”，于此可见清初仍以筑城为政治安定之保障。

风山县旧城虽非台湾年代最早的县城，却为台湾第一座石造县城。它建造时就地取材，大量利用周边（今高雄左营区）一带的硓𥑮石，而清道光年间所筑的城门洞则用闽粤运来的花岗石修建。城墙上设炮台，外面还有城壕强化防御。城池虽固若金汤，可惜没有太多机会发挥功能。

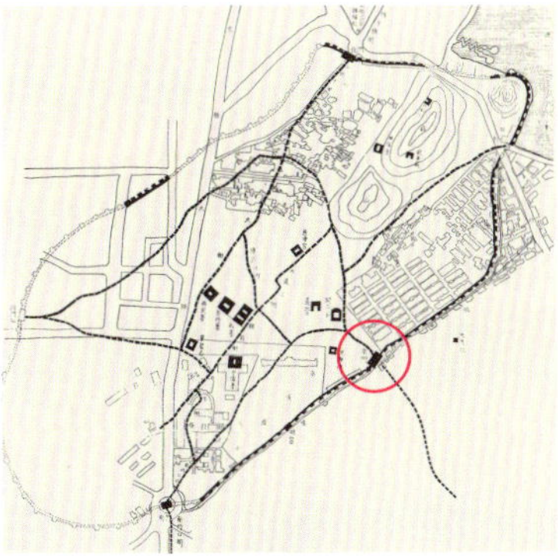

| 凤山县旧城范围考证图
从中可见东门所在位置

凤山县旧城东门段　仰角透视图

凤山县旧城是台湾的第一座石造县城，经过两百多年，城门楼大都倒塌，城墙破损。本图乃是经考证复原之景象，图中可见东门段城墙绵延不绝，从右边的门楼经斜坡踏道可上城楼。城楼为单檐式屋顶，四面辟圆窗，翼角下各有一柱支撑，造型朴实。

1. 城楼为依据柱础与旧照片所作的图画复原。
2. 通往城楼之阶梯踏道。
3. 管制人员上下的门楼。
4. 花岗石拱券有两道，外拱小而内拱大，中段不设拱，可以装门板。
5. 硓𥑮石所砌的厚壁。
6. 表面砌硓𥑮石的城墙蜿蜒。
7. 红砖雉堞。

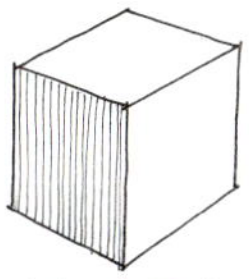

侧面全景式

凤山县新城东门及东便桥复原图
凤山县新城位于旧城之东，于1788年（清乾隆五十三年）始建竹城，将旧城取而代之。至1804年（清嘉庆九年）设六座城门，分别是大东门、小东门、西门、南门、北门及北门外郭城门，如今仅存小东门（即东便门）与门外桥梁

从创城、废城到大改建

凤山县治初设在兴隆庄（今左营区），当时尚未筑城。朱一贵反清事件之后，1722 年（清康熙六十一年）凤山县筑土城，周长 810 丈（2700 米），高 1 丈 3 尺（约 4.3 米），设东、西、南、北四门，左倚龟山，右连蛇山。比凤山城年代更早的只有诸罗城（今嘉义）的木栅城，因而，我们可将凤山县旧城视为台湾第一座以土石所建之城池。

值得玩味的是，1786 年（清乾隆五十一年）因林爽文抗清事件，凤山县城被攻陷，县令及典史等文武官员多殉难。事后有迁移县治之议，1788 年即在东方的陂头街另筑城，是谓凤山县新城。1805 年（清嘉庆十年）海盗蔡牵党羽骚扰凤山县，土匪响应进攻新城，新城亦被攻陷。人们评估认为其土薄水浅、地苦潮湿，比不上旧城“襟山（龟山与蛇山）带海（西边台海）”之形势，于是在 1825 年（清道光五年）大事改建旧城，将龟山全包在内，而舍去蛇山，城墙周长再扩大，达 1224 丈（4080 米），设四座城门。可惜竣工后知县忽死，众人以为不祥，导致县治没有长期安置在凤山县旧城之内。

1– 凤山县旧城东门外，桥梁为近年修复时所建

2– 凤山县旧城东门段城墙及护城河蜿蜒，末端突出处为炮台

3– 凤山县旧城北门门洞两侧，有全台仅见的彩绘门神浮雕，极为珍贵

城池设施保留最丰富的老县城

凤山县旧城呈椭圆形，选址配合自然环境，城内东北部为了增强防御功能，将整座龟山包含在内，结合利用莲池潭与城壕，形成天然屏障。城壕又称护城河，施工时挖出来的泥土正可填入堆高的城墙之内。城墙上以砖铺成平坦的马道，方便炮车移动及兵马行走。凤山县旧城城墙保存有数百米，乃台湾目前保存较完整的马道。另外，至今仍可看到凤山县旧城初筑时的数段城墙。

城设东（凤仪）、西（奠海）、南（启文）、北（拱辰）四座城门楼，其城门名具有浓厚之八卦风水意义，目前存留者有东门、北门及南门。虽然城楼均已毁，但城门洞却是清道光年间遗构，相当珍贵。其外壁为硓𥑮石，拱门处则是花岗石砌。凤山县旧城的石造城门与城墙，是台湾现存清代城池建筑中年代最早者。其保存的城门、城墙、城壕、马道、炮台与水关等设施，是了解清代汉人城池的最好例证。

高雄 | 旗后炮台

牡丹社事件后，在打狗港口所建中西合璧式大炮台。

年代：1876年（清光绪二年）竣工
位置：高雄市旗津区旗后山上
方位：坐东北朝西南

1895年“乙未战争”日舰攻击旗后炮台的想象图

清同治年间发生牡丹社事件后，日本伺机涉台之野心已见，清廷派钦差大臣沈葆桢来台善后。虽然最终以赔款了事，但台湾战略及海防地位获得重视，也开启洋式炮台的兴建。沈葆桢展现出重视台湾南部防务之心，首先勘察地势，奏请建安平二鲲身炮台，继而责令淮军将领在打狗（高雄旧称）港口山上建旗后炮台，两者均配备从英国购买的大炮。不过，后来的台湾巡抚刘铭传则偏重于北部与澎湖的防务。

19世纪因以海防为重，在港口或要塞筑设炮台作为防御设施，常特别选址在港口小丘之上，居高临下，视野宽广，射程较远，更能发挥御敌效果。旗后炮台位于高雄港口旗后山上，即具备上述优点。这座炮台最耐人寻味的是入口设计成中国式，门口有八字墙，并且墙上以砖砌出“囍”字装饰，有如深宅大院，成为台湾之孤例。

旗后炮台　全景鸟瞰透视图

本图从空中俯瞰，可见到旗后山四周悬崖峭壁之形势。旗后炮台分三区，北区为营房；中区为指挥所；南区为炮座，安置四门大炮，分别朝向三方海域。中国传统式的大门，张开的八字墙仿佛有欢迎入内之意，非常有趣。

1. 炮台营门设八字墙。
2. 军官住房。
3. 兵房。
4. 推测平台上可能原有官署建筑。
5. 穿廊可连通前后营区。
6. 门内设置神龛，可能供奉关公作为守护神。
7. 炮座铺设半圆形铁轨。
8. 向英国购买的阿姆斯特朗七英寸大炮。
9. 子药库贮藏炮弹。
10. 铁水泥夯筑之墙垣。

全景鸟瞰式

高雄“雄镇北门”炮台透视图
“雄镇北门”炮台与旗后炮台南北相对，共同护卫周边海域

洋务运动在台湾的产物

牡丹社事件后，台湾在洋务运动声浪中开始修建第一批洋式炮台，首先是安平二鲲身炮台，继而建打狗旗后炮台。炮台之建造由淮军提督唐定奎率兵工完成，1876 年（清光绪二年）竣工，设计则出自福州马尾南洋舰队的洋技师之手。

打狗港口南岸由旗后炮台扼守，又在北岸哨船头建小炮台，其门额题“雄镇北门”与旗后的门额“威震天南”遥遥相对。旗后炮台门额于 1895 年（清光绪二十一年）乙未战争时，被日军吉野舰炮火击中，失去前二字。关于这两个字内容究竟为何，后世仍众说纷纷，未能确定，不过无损于这座炮台之研究价值。旗后炮台因这场战事而受创甚重，后来长期荒废，兵房内木梁倒塌，几成废墟，至 1990 年才经考证后修复。

中体西用融入建筑特色

清末台湾为防外患所建的洋式炮台中，以高雄旗津岛上的旗后炮台最具建筑学之研究价值，因为它是“中学为体，西学为用”的具体设计成果。

炮台平面由三个长方形城垣所组成，北区为主门及兵房；中区有长廊穿越，似为指挥所；南区为炮座区，炮台完工三年后，备有四门巨炮，系向英国购买的“阿姆斯特朗”（Armstrong）大炮，此外还有许多兵房及子药库（弹药库）。它的外墙厚达 10 米，是清末台湾炮台罕见者。

1- 中区廊道门洞整修前的墙面，砖工精美，令人印象深刻

2- 1990年全面整修后，复原了中央廊道的门洞构造

3- 整修前的炮台大门。乙未战争中题额被炮火伤及，后来倒塌不存，但两翼斗砌八字墙及“囍”字装饰都保存良好

4- 修复完成的旗后炮台大门。因为额题前二字有争议，故以阴线刻表现

上述炮台的配置、配备及材料构造，展现了西学的运用，但在建筑装饰及士兵的精神需求上，则离不了中国传统。最有趣的是主入口采用了“八字墙”，入口左右斗砌砖墙上各有一个砌砖“囍”字，但笔画不同，虽不清楚是否为对场建造或分“青龙与白虎”，但皆带有民俗意味。中区廊道门洞侧墙亦有斜斗砌与红砖梯面的寿字纹、菱花纹等传统装饰。特别是南区靠近中央廊道的一间兵房被设为小庙，内部以灰泥做成供桌，推测原应供奉传统军队守护神关公或太子爷，是驻守炮台官兵们的精神慰藉。

书院

新北 | 理学堂大书院

19 世纪由传教士马偕所建，是台湾第一座现代化高等学校，为中西合璧式建筑。

年代：1882年（清光绪八年）竣工
地址：新北市淡水区真理街32号
方位：坐北朝南

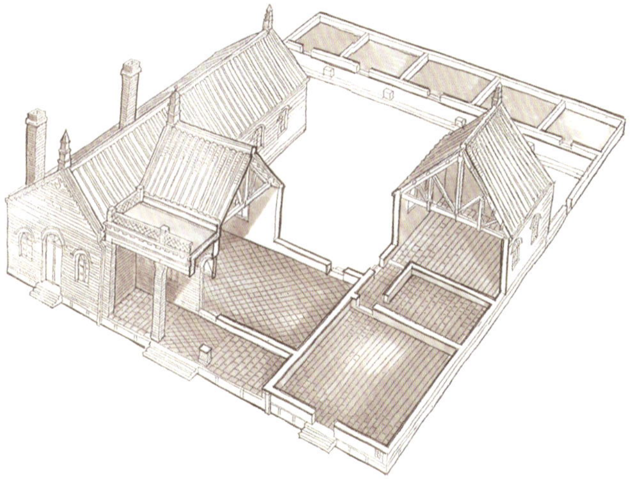

理学堂大书院屋架构造剖视图
理学堂设计融合中西，采西洋的中柱式屋架（kingpost truss）

基督教系统地传入台湾地区，始于1865年（清同治四年）到达台湾南部的传教士马雅各，1872年抵达淡水的马偕（汉名偕叡理）牧师则为北部传教士的代表。马偕来自加拿大基督长老教会，年轻且满腔热忱，运用医疗及教育来进行传教工作。他所创建的理学堂大书院，是台湾第一所现代高等学府，亦开启清末台湾高等教育之先河。

理学堂大书院建筑平面犹如传统四合院，屋脊两端立有塔状装饰，流露出东方与西洋融合之特点。相传当时马偕以番薯削刻成建筑模型给工匠参考，才建出这座颇具特色的理学堂，这或许是当时洋人设计、当地人施工的一种合作模式。

理学堂大书院　全景鸟瞰复原图

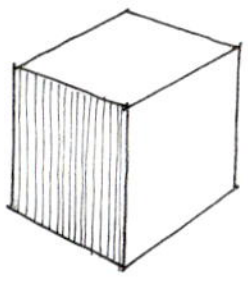

全景鸟瞰式

本图复原全盛时期之全景。其屋脊两端都立有尖塔装饰，正面山墙也有海浪形图案，至今仍完整保存。后厅原来作为学生宿舍，中庭则成为户外教室。但近年中庭及后厅有所改变，增加了一些新建筑。

1. 屋脊中央竖立十字架。
2. 屋顶女墙原为斜棂式，今已改成绿釉花砖。
3. 正面主入口设步口廊，并立一对砖柱，内部为主要大教室。
4. 屋脊两端都立有塔状脊饰。
5. 两翼作为教室之用。
6. 中庭内院也作为教学空间。
7. 后落作为学生寄宿之房间。
8. 屋顶原设壁炉烟囱，但近年因少用而去除。

理学堂大书院今景。其正面与传统三开间带左右护龙的合院类似

马偕牧师终生志愿的实现

马偕的祖先原居苏格兰北部，父亲为佃农，1830年因地主迫害才移民至加拿大。他们是虔诚的基督徒，所居建筑简陋，充分表现出清教徒刻苦耐劳的精神。马偕年少时就向往海外传教生活，于是神学院毕业的隔年即启程前往遥远的台湾，实现他的志愿。

1880年（清光绪六年）马偕返加拿大述职，得到家乡父老之助，募得一笔款项，即用来建造可以培养台湾传教士的神学院。他的日记中记载，校址选在可以瞭望淡水河之地，建筑平面东西宽76英尺（约合23米），南北长160英尺（约合49米），以运自厦门的小红砖建造；外墙涂上油漆，可防豪雨；灰浆用糯米蒸煮后加入石灰再捣之，又加入糖汁，加强其凝结力。1882年完工后，马偕为纪念家乡（安大略省牛津郡）捐款，命名为牛津学堂（Oxford College），汉语名为理学堂大书院。

东西融合之建筑特点

马偕在台传教长达三十年，他在北台湾所建的建筑中，以淡水埔顶的牛津学堂最具特色，目前大部分仍完整保存，值得细加分析。透过这座建筑，也可以了解马偕主要的建筑思想。

理学堂采用西式木桁架，屋脊立有十字架及尖塔状装饰，窗子用圆拱形，但平面格局却与台湾民宅“两落带护龙”如出一辙，或许是马偕刻意入乡随俗之匠心安排吧！

第一落前厅为大教室，从早期照片来看，室内西壁悬挂一面大黑板，并有世界地图。左右两翼隔出六间小房间，分别作为图书室、教材室，以及地理、博物和音乐教室等。中庭为户外教学空间，最后一列房屋则作学生宿舍。住宿与学习合在一起，有如古代台湾的书院。

延伸观察

新北丨淡江中学八角塔

传教士马偕的儿子偕叡廉继承父志，除了负责台湾北部重要的传教工作，也在 1914 年创办淡水中学（后改名淡江中学）。1922 年则由罗虔益牧师负责设计新校舍，先建了体育馆，1925 年再完成最重要的八角塔建筑。

八角塔有曲线之出檐，正面人字形山墙与入口之细部皆有东方建筑之韵味。设计者似乎有意要创造结合中西文化之学校建筑，乃延续理学堂大书院之设计精神。

淡江中学八角塔全景鸟瞰透视图 可见其十字形平面以八角塔为核心，正面左右伸出两翼如拥抱姿态，手臂末端又矗立八角卫塔，因而对中庭形成较封闭的包围感。建筑主要用材为红砖，但部分为白墙，色调明朗。

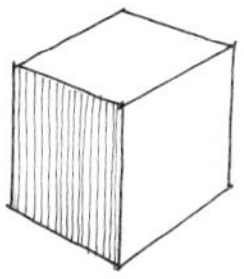

全景鸟瞰式

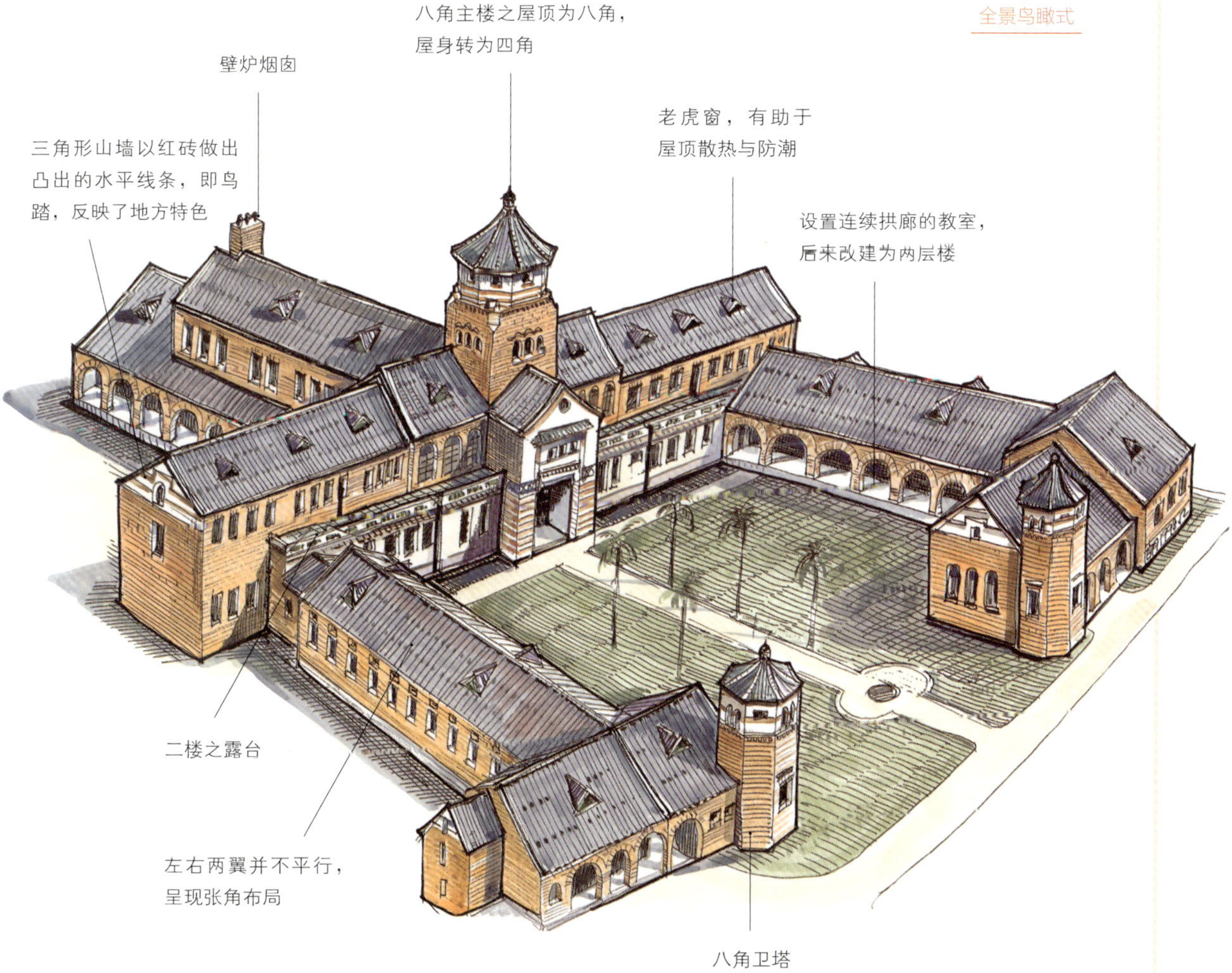

高雄 | 凤仪书院

全台保存形制最完整的清代书院，兼收闽客学童，格局宏大，大木风格呈现古拙之美。

年代：1814年（清嘉庆十九年）创建
地址：高雄市凤山区凤明街62号
方位：坐北朝南

清代台湾各地广设书院，尤其是重要的行政辖区，虽然教授内容以科举为依归，但仍补官设学校之不足，对台湾教育具有重要意义。建于清嘉庆年间的凤山凤仪书院，是清代台湾规模最大的书院之一。因地缘之故，它同时兼收闽客学童，此种情形在台湾中北部少见。

凤仪书院格局宏大，除了教学讲堂外，还有供教师用的厅事与供学生用的学舍，另外还有敬字亭与义仓，功能丰富。保存下来的建筑类型多样，而且大木风格呈现原创的古拙之美，具有建筑史之研究价值。书院内并设曹公祠，祀奉清道光年间任凤山知县的曹谨，他因守法廉能被列入《清史稿·列传·循吏》。此配置在台湾书院中亦属罕见之例。

凤仪书院　全景鸟瞰透视图

本图以鸟瞰角度展现凤仪书院格局与现存建筑，已佚失或不可考的部分，不加以臆测复原。目前尚存的主要建筑有照壁、头门（正门）、讲堂、厅事、学舍等。其右侧的凤山城隍庙虽非原貌，但同为清代凤山县新城的历史见证，遂以较淡的彩色呈现于画面左下角。

1. 曹公祠为纪念知县曹谨之功绩而建。
2. 试院头门遗构。
3. 照壁。
4. 登云路门楼。
5. 头门。
6. 讲堂，为主要的上课教室。
7. 学舍，供学生住宿使用。
8. 轩亭。
9. 厅事，为书院山长等工作人员办公及居住所用。
10. 敬字亭旧址。
11. 凤山城隍庙。

高雄弥浓庄（美浓）敬字亭透视图

敬字亭又称惜字炉，为崇敬仓颉夫子所设置之焚烧字纸的香炉，古时文教建筑前必会设置。目前凤仪书院的敬字亭仅余残迹，其形制可参考同为高屏地区的弥浓庄敬字亭

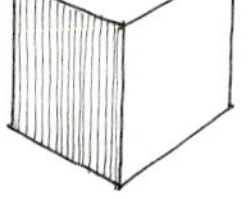

全景鸟瞰式

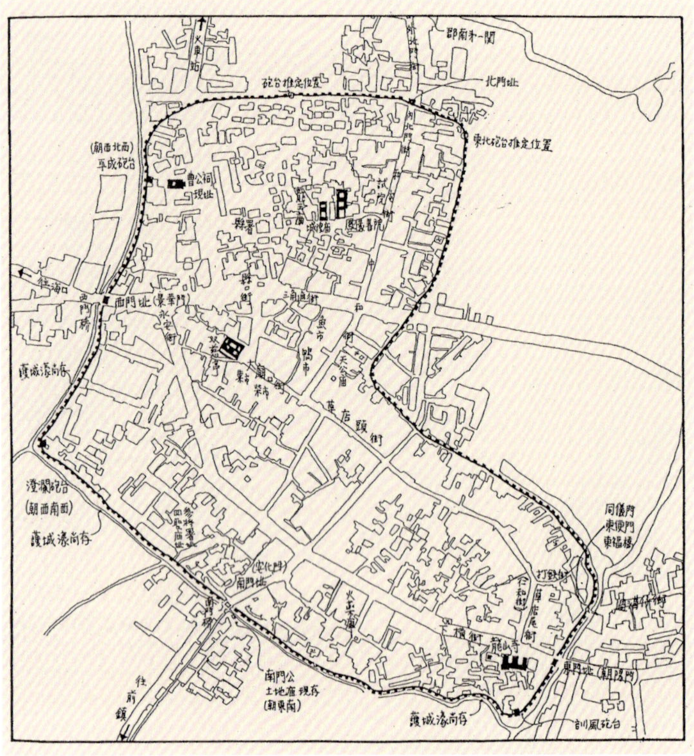

凤山县新城范围考证图

凤仪书院位于凤山县新城的东北方，与城隍庙比邻而居

兼容闽客并祀循吏的书院

乾隆年间，凤山县治由旧城（今高雄左营区）移往新城（今凤山区）。文教设施一向是古代城池内的重要建置，于是 1814 年（清嘉庆十九年）知县吴性诚向地方士绅倡建书院，候选训导岁贡生张廷钦率先响应，集地方士绅之力创建了凤仪书院，至 1891 年（清光绪十七年）再由举人卢德祥倡议重修。这座书院在清代台湾书院教育史中具有重要意义，因高屏地区闽粤移民垦拓之复杂关系，书院中容纳了闽南与客家两个不同方言的群体。

日据以后凤仪书院功能渐失，百年来饱受被人侵占之灾，内部遭到不当使用，所幸近年已完成修复。在整修过程中，还发现了清代原有的曹公祠。曹谨于 1837 年（清道光十七年）任凤山知县，任内政绩斐然，兴建水圳灌溉农田，得到百姓爱戴。后来他告病回到河南老家，逝世后，凤山百姓在凤仪书院内左侧建祠纪念。

凤仪书院曾长期为住户所侵占，但原有构造仍能保留，非常可贵。近年经考证后大修，恢复清代形貌

台湾现存规模最大的清代书院

凤仪书院建筑物种类多，包括照壁、头门、讲堂、厅事、学舍、义仓、圣迹库、圣迹亭、奎楼与试院等，清代台湾书院中具备此等规模者并不多。值得注意的是，属于书院山长办公与住宅空间的“厅事”中供奉文昌、魁星与仓颉，显示出道教意味浓厚的祭祀已是书院中的重要部分。

整体平面配置为坐北朝南，左为试院（为秀才考试之所），右为书院，两组建筑群同向并列。书院入口分置于照壁两侧，头门独立于院中，讲堂与左右学舍及最后的厅事围成一组四合院。讲堂为教学核心所在，面宽三间，进深四间，用“三通五瓜”式栋架，瓜筒极小。讲堂做敞厅式，系山长与授业学生上课之所。

凤仪书院的大木结构属于泉州派，看不出有受到任何粤东客家方面之影响。头门排楼斗拱用一斗三升，分布颇为疏朗，与后代的连拱做法大为不同。其大木与凤山龙山寺风格相似，两者年代相差五十年，推测可能出自同一派匠师之手。凤仪书院的建筑仍保存清嘉庆年间初创及光绪年间修葺之原貌，未经近代改造，建筑价值非凡。

凤仪书院第一进头门纵剖图
头门采用不对称栋架，极为特别

头门左侧设置墙门，可通往试院空间

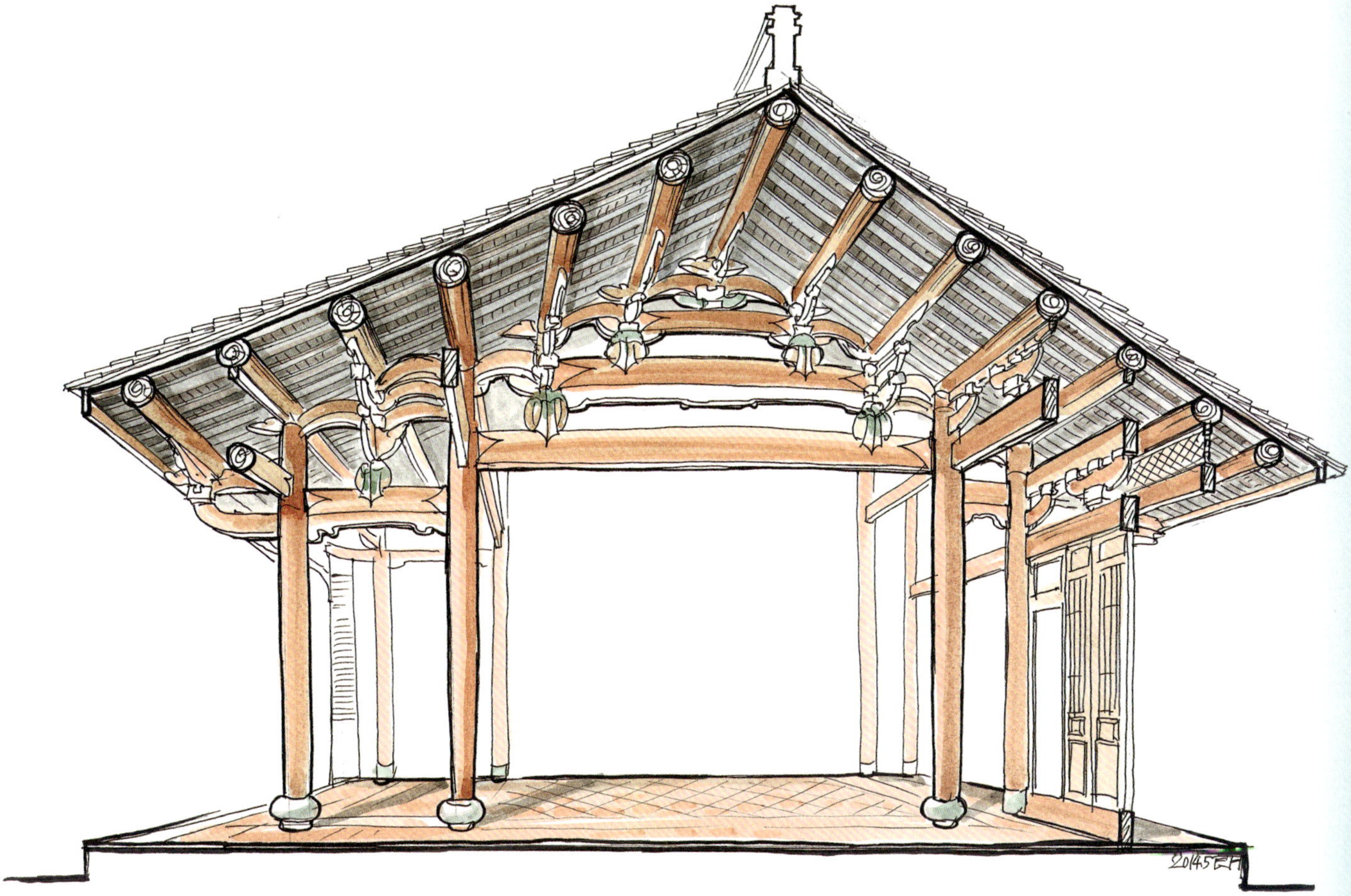

凤仪书院讲堂纵剖图

讲堂是授课之处，栋架疏朗，高敞明亮，而且位于书院的中心位置

讲堂与一般厅堂不同，未设门扇，采用敞厅式，可以想见当时琅琅书声传遍书院的景况

1– 书院内建筑的排楼斗拱多用一斗三升，木构疏朗
2– 厅事殿前的轩亭，面对讲堂设置
3– 厅事与讲堂围合的四合院，天井内静谧，为读书的好环境

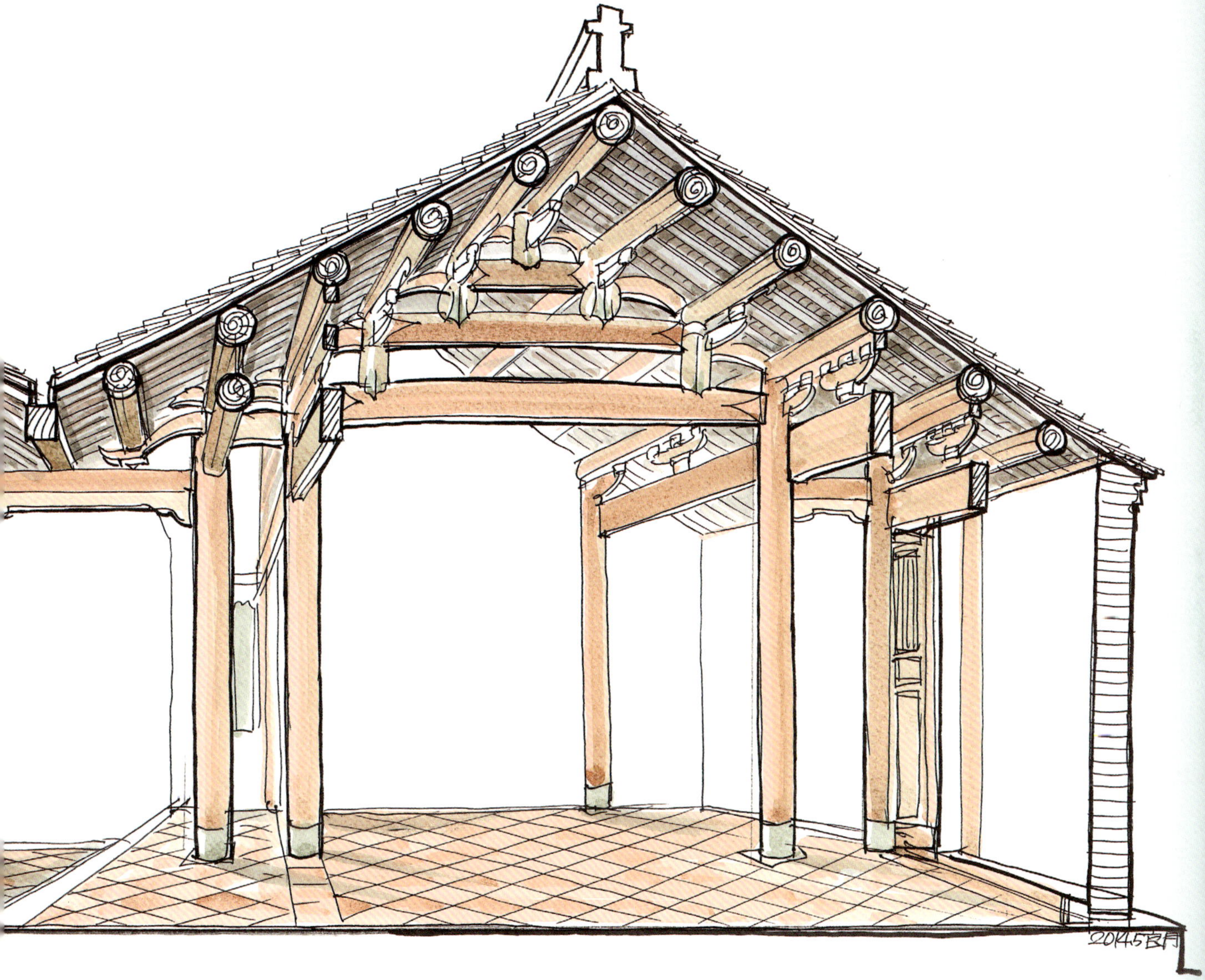

凤仪书院厅事纵剖图

厅事为山长、师长及工作人员的办公空间，其殿前带轩亭，属一种较正式的设计

牌坊

台南 | 接官亭石坊

台湾现存唯一的接官亭石坊，旁有风神庙作为配套的建筑。

年代：1777年（清乾隆四十二年）建造
地址：台南市中西区民权路三段143巷7号前
方位：坐北朝南

在热闹的通衢大道、寺庙、官衙或陵墓之前竖立纪念牌坊为古代的惯习，也被列入会典制度中，它可发挥表彰功德及教化之作用。清代台湾曾出现许多种牌坊，包括天旌节孝坊、乐善好施坊及急公好义坊。牌坊典型的做法为“四柱三间三滴水”，即有四根柱子、三孔及三组屋顶。但也有只用双柱者，像唐朝里坊的乌头门。台湾现存诸多石坊中，以台南孔庙东边的泮宫坊年代最古，它是进入孔庙前的门孔。若说类型较少见的，当数台南古渡头前的接官亭石坊。

不同于上述之纪念型牌坊，接官亭石坊属于地标性建筑。清代台湾以台南为首府，官员送往迎来极为频繁，于是在渡口建造接官亭接风招待，当时被派到台湾任职的官员视渡海为畏途，故石坊与风神庙合体，祈求渡海平安。

接官亭石坊　正面全景仰视图

本图采用低视角的全景透视，使牌坊上部消失点停在高空，如此可以强调其高耸之气势。四柱三间式的接官亭石坊，背景为风神庙，左右可见到亦为石造的钟鼓楼。三座石建筑围出庄严的庙埕空间。

❶ 鳌龙脊饰。
❷ 石拱为仿木结构。
❸ 左右是由青斗石雕凿的麒麟对看堵。
❹ 花岗石大楣雕刻双龙抢珠。
❺ 夹杆石具有稳定立柱之功能。
❻ 三开间的风神庙。
❼ 花岗石造的钟楼。
❽ 花岗石造的鼓楼。

正面全景式

蒋元枢《重修风神庙并建官厅、马头、石坊图》
在这幅清代古图中，当年浩大、完整的接官亭规模清楚可见

全台仅存的接官亭石坊

清乾隆初年，台湾府的水道渡头在西定坊大井头（今民权路与永福路交叉口），但随着台江淤塞，海岸线西移，渡头西移至安澜桥附近（今民权路三段）。1739 年（清乾隆四年）台湾道台鄂善建风神庙与接官亭于此。1777 年（清乾隆四十二年），台湾知府蒋元枢重修接官亭，并立牌坊。1918 年，因开辟道路，再度改建成为今貌。事实上，清光绪年间刘铭传治台时期，台北府北门外临河沟头码头附近也有接官亭，并建一座木牌楼，但今已不存，使得台南接官亭石坊成为全台仅有。此外，当时台湾的官员多自大陆远渡重洋而来，为了安抚大家渡海的恐惧，官方乃建风神庙祈求风平浪静。而风神庙与接官亭前后并置，也成为台南之特色。

立于风神庙埕前方的接官亭石坊，若不深究其历史，容易令人误以为是一般的寺庙牌坊

具有台湾典型的石坊形制

接官亭石坊坐落在风神庙前，形制为“四柱三间三滴水”，以花岗石及青斗石建成，雕凿细致，高 8 米余，正面额题“鲲维永奠”，背面题“鳌柱擎天”。梁枋多施浮雕，屋脊上置石雕鳌龙；中间大楣雕龙吻，张口衔楣，造型雄浑。现存的风神庙与接官亭石坊中轴线重合，左右竖立钟鼓楼，三者形成“品”字形布局，空间组织呈现严谨之美。

接官亭石坊体量高大，立于古渡头前极为显眼。可以想见，当年前往的官员在船上远远地就能瞧见它，知道目的地即将抵达，由此感到安心。由现存的《风神庙接官亭暨石坊图碑》可知，原本还配置有作为迎送暂憩的公馆等建筑。

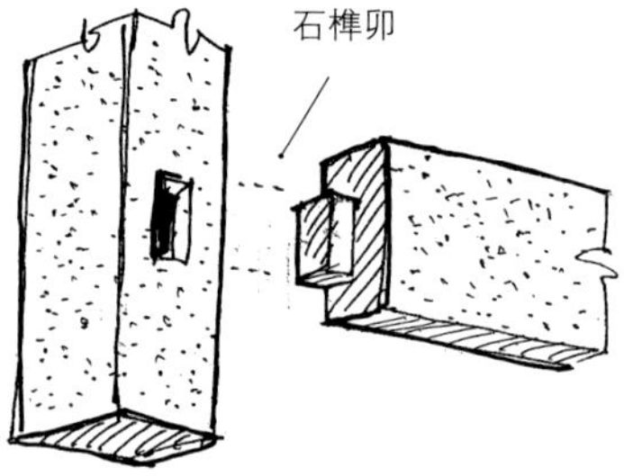

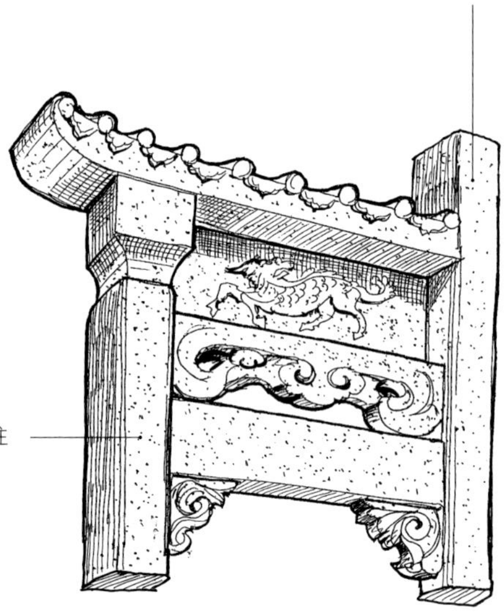

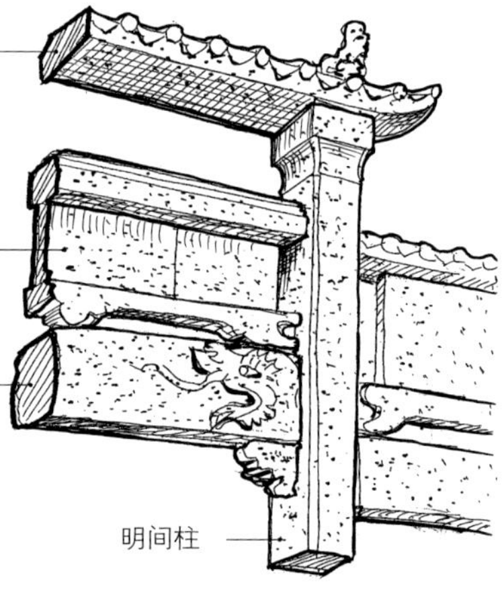

台湾石牌坊细部构造分解图
台湾常见石牌坊的构造，是一种仿木结构的概念

延伸观察

苗栗丨天旌节孝坊

苗栗天旌节孝坊是为旌表儒士刘金锡之妻赖四娘的贞洁风范，1883 年（清光绪九年）由乡人陈情，经清廷奉准建立的牌坊。天旌节孝坊原建于苗栗文昌祠旁，1909 年因开辟道路而迁建于天云庙一旁，1979 年又因天云庙改建而迁到猫狸山公园内的现址。

赖四娘生于 1806 年（清嘉庆十一年），年幼时就与新竹县举人刘献廷的长子刘金锡指腹为婚。赖氏 14 岁时，丈夫金锡过世，她自此守寡，尽守贞节，矢志不嫁。其夫弟遂将长子过继给赖氏为嗣，以延续兄长之香火，赖氏待之如同亲生孩子。

天旌节孝坊形制为典型的四柱三间式，石构造显得庄严古朴。其高 8 米有余，饰有石狮、南瓜等雕塑，正面额题“天旌节孝”，两旁石柱为台北知府陈星聚所撰写之对联：“十四龄节义守闺门无惭一家忠义，七八载孝名传史册增色两代科名。”

苗栗天旌节孝坊仰角透视图 从较低的视点来突显牌坊的高耸。

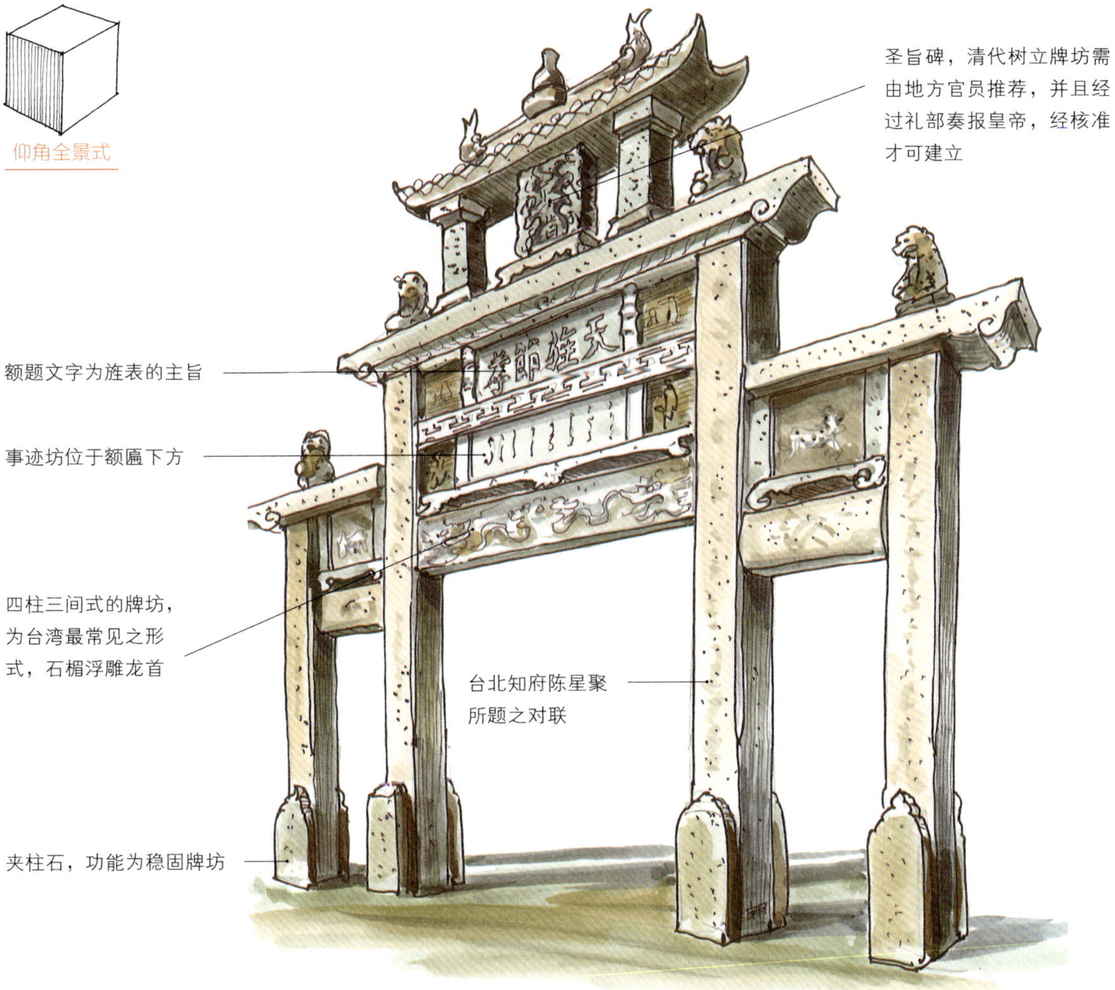

主要参考书目

《重修台郡各建筑图说》，清乾隆蒋元枢进呈。

《淡水厅筑城案卷》，台湾银行经济研究室，1963年。

《台湾名胜旧迹志》，［日］杉山靖宪，1916年。

《台南圣庙考》，［日］山田孝使、高富怡三郎（发行人），1918年。

《台湾高砂族の住家の研究》，［日］千千岩助太郎，载《台湾建筑会志》，台湾建筑会，1938年。

《台湾の建筑》，［日］藤岛亥治郎，日本彰国社，1948年。

《台湾岛建筑之研究》，［日］田中大作，日本，1953年。台北科技大学2005年重印。

《台湾传统建筑之勘察》，狄瑞德、华昌琳，东海大学住宅及都市研究中心编，境与象出版社，1971年。

《彰化孔庙的研究与修复计划》，汉宝德，境与象出版社，1976年。

《台湾胜迹采访册》，林衡道，台湾省政府文献委员会，1977年。

《台北古城门》，李乾朗，台北市文献委员会，1993年。

《台湾的寺庙》，李乾朗，台湾省政府新闻处，1986年。

《凤山县旧城调查研究》，李乾朗，高雄市政府民政局，1987年。

《旗后炮台调查研究》，李乾朗，高雄市政府民政局，1989年。

《彰化节孝祠调查研究》，李乾朗，彰化县政府，1990年。

《北港朝天宫建筑与装饰艺术》，李乾朗，北港朝天宫，1993年。

《台北府城墙及炮台基座遗址研究》，李乾朗，台北市政府捷运工程局，1995年。

《凤山凤仪书院调查研究》，李乾朗，高雄县政府，1996年。

《大龙峒保安宫建筑与装饰艺术》，李乾朗，财团法人台北保安宫，1997年。

《北埔慈天宫整修规划研究》，李乾朗，新竹县政府，1997年。

《台北孔子庙》，李乾朗，台北市孔庙管理委员会，2000年。

《台湾古建筑图解事典》，李乾朗，远流出版公司，2003年。

《陈德星堂调查研究与修复计划》，李乾朗，财团法人陈德星堂、台北市政府文化局，2003年。

《新竹都城隍庙调查研究与修复计划》，李乾朗，新竹市政府，2005年。

《19世纪台湾建筑》，李乾朗，玉山社事业股份有限公司，2005年。

《台湾寺庙建筑大师——陈应彬传》，李乾朗，燕楼古建筑出版社，2005年。

《溪底派寺庙建筑大师——王益顺传》，李乾朗，燕楼古建筑出版社，2006年。

本书由远流出版公司授权，限在中国大陆地区出版发行

北京版权保护中心图书合同登记号：01-2024-0278

地图审图号：GS京（2024）1184号

图书在版编目（CIP）数据

直探匠心：剖绘台湾经典古建筑 / 李乾朗著、绘
. -- 北京：北京日报出版社，2024.10
ISBN 978-7-5477-4881-7

Ⅰ. ①直… Ⅱ. ①李… Ⅲ. ①古建筑－建筑艺术－台湾－通俗读物 Ⅳ. ①TU-092.958

中国国家版本馆CIP数据核字（2024）第030508号

责任编辑：姜程程
特约编辑：贾宁宁
装帧设计：林 林
内文制作：陈基胜

出版发行：北京日报出版社
地　　址：北京市东城区东单三条8-16号东方广场东配楼四层
邮　　编：100005
电　　话：发行部：（010）65255876
　　　　　总编室：（010）65252135
印　　刷：北京华联印刷有限公司
经　　销：各地新华书店
版　　次：2024年10月第1版
　　　　　2024年10月第1次印刷
开　　本：787毫米 × 1092毫米　1/16
印　　张：16.5
字　　数：268千字
定　　价：148.00元

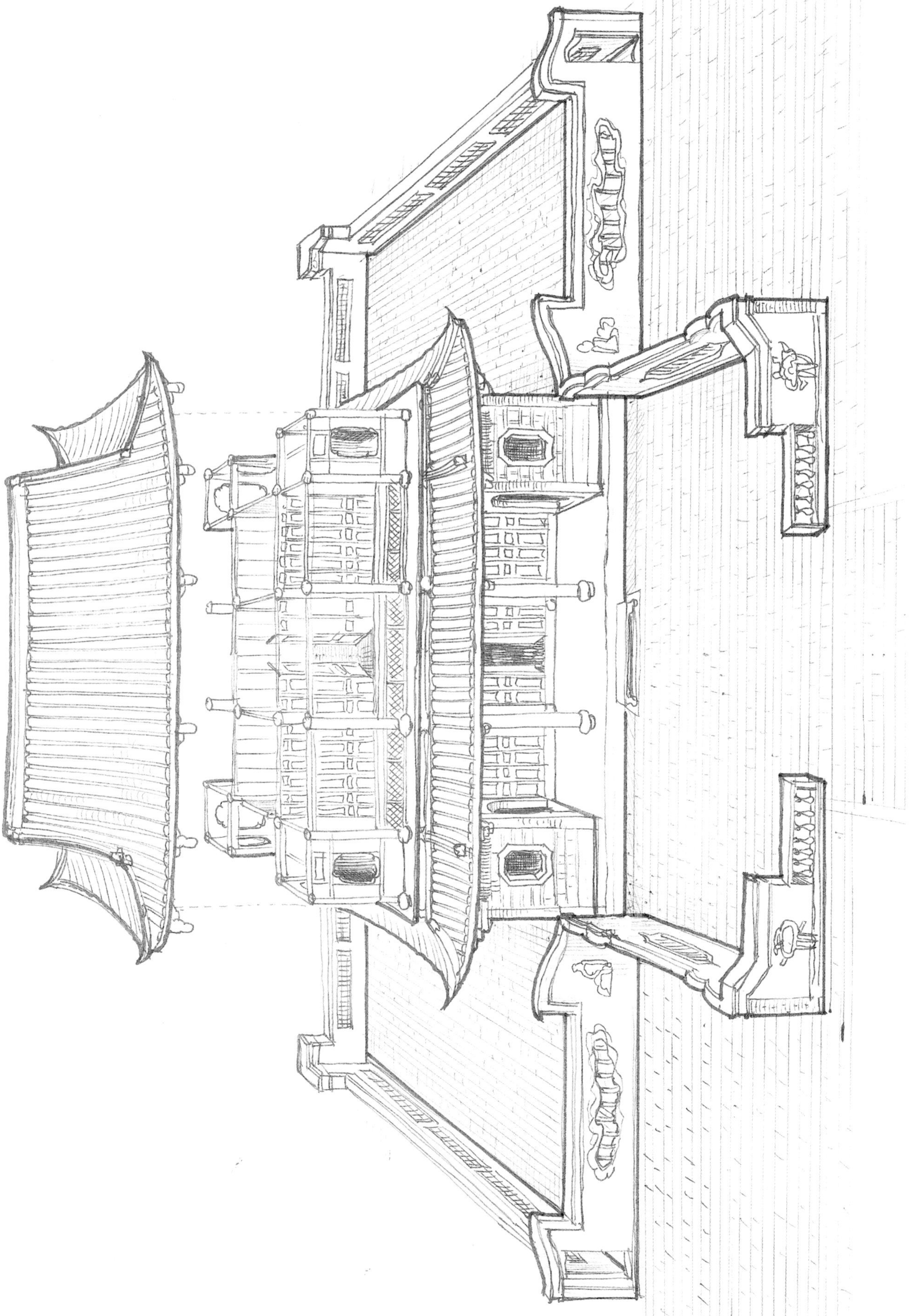

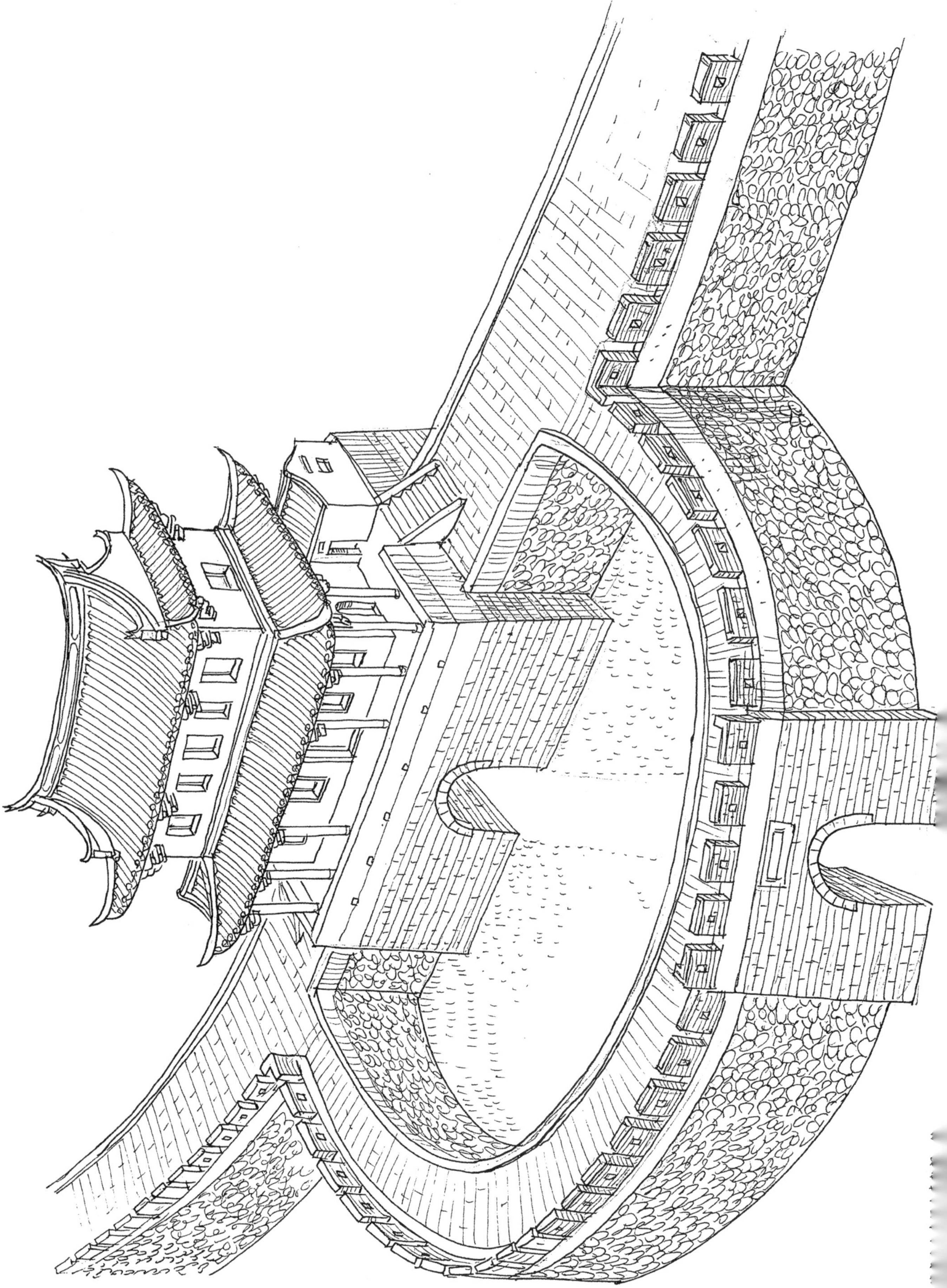

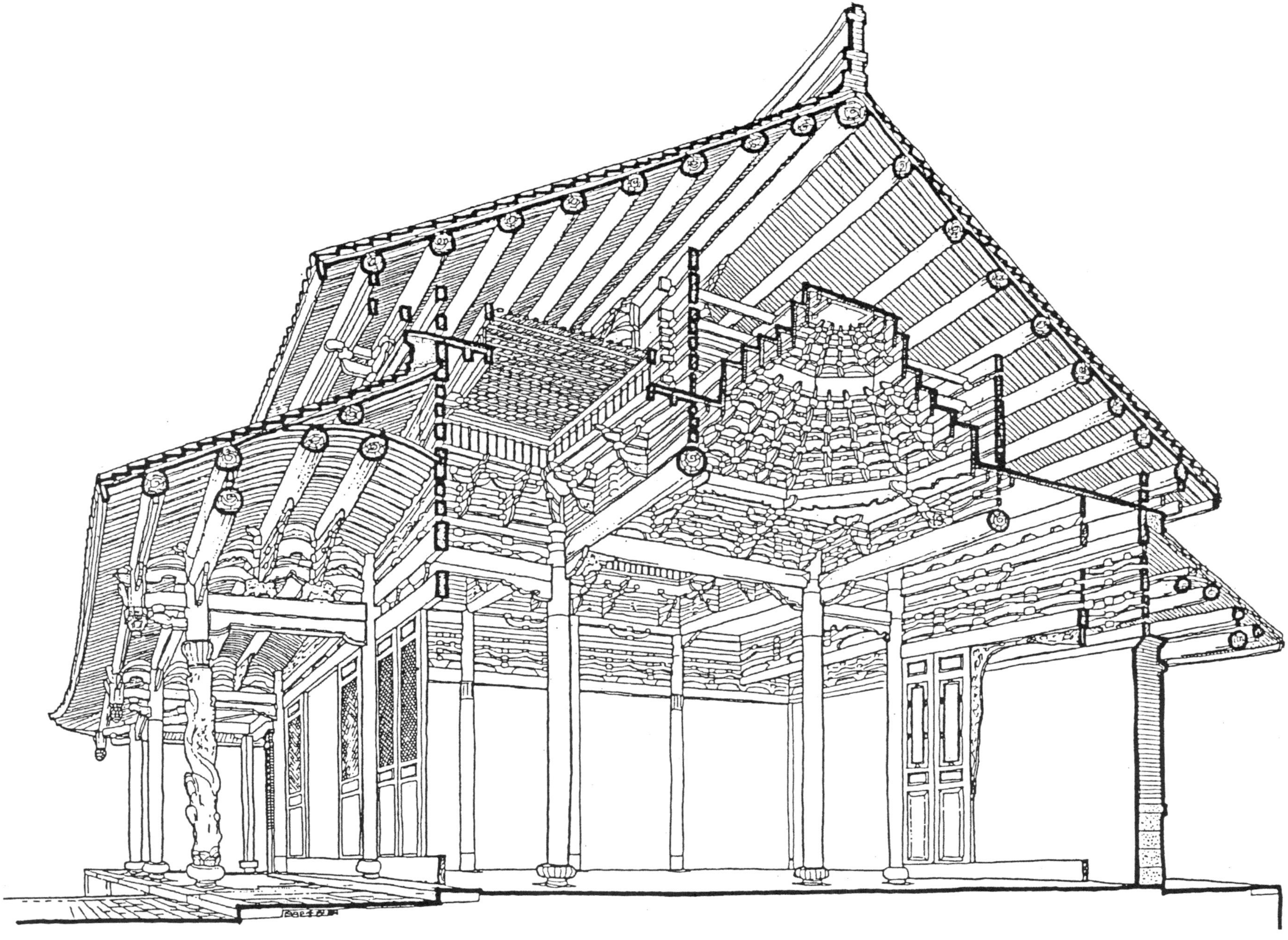

台北孔庙大成殿 | 李乾朗 绘

雾峰林家大花厅戏台 | 李乾朗・绘